不要放跑你的贵人

魏 新 ◎ 编著

北京工业大学出版社

图书在版编目（CIP）数据

不要放跑你的贵人 / 魏新编著 . —北京：北京工业大学出版社，2012.1

ISBN 978-7-5639-2952-8

I. ① 不… II. ① 魏… III. ① 成功心理 – 通俗读物 IV. ① B848.4–49

中国版本图书馆 CIP 数据核字（2011）第 269820 号

不要放跑你的贵人

编　　著：	魏　新
责任编辑：	孙　澍
封面设计：	汝果儿
出版发行：	北京工业大学出版社
	（北京市朝阳区平乐园 100 号　100124）
	010-67391722（传真）bgdcbs@sina.com
出 版 人：	郝　勇
经销单位：	全国各地新华书店
承印单位：	三河市元兴印务有限公司
开　　本：	787mm×1092mm　1/16
印　　张：	18
字　　数：	246 千字
版　　次：	2012 年 1 月第 1 版
印　　次：	2021 年 1 月第 2 次印刷
标准书号：	ISBN 978-7-5639-2952-8
定　　价：	32.00 元

版权所有　翻印必究

（如发现印装质量问题，请寄本社发行部调换 010-67391106）

前　言

你有没有发现，经常会有这样一个境地，让我们纵然努力，却离成功总差那么一步？我们不知道，是自己不够幸运，还是方向错了，我们甚至开始怀疑自己。你有没有发现，经常会有这样一个境地，让你难以忍受试图摆脱，挣扎，失败；再挣扎，再失败……在这重复重复又重复的悲惨经历中，你是否渴望有这样一个人，他义无反顾地向你伸出援手，无条件地给你提供资源，不计报酬地替你找关系、拉人脉？是的，我们都很想，因为这样的人无疑就是我们生命中的贵人。

可贵人在哪里呢？通常，贵人在我们眼中或者罩着耀眼的光环，又或者蒙着神秘的面纱，让我们想看看不清、想走走不近。其实贵人不见得高高在上，也不见得神秘兮兮，因为贵人就在你身边，关键是需要你能准确识别并抓住机会得到他们的信任和赏识，进而得到他们的提携和帮助。

《不要放跑你的贵人》一书从加强贵人意识、识别贵人能力出发，围绕如何获得贵人的信任与赏识、怎样利用好与贵人的关系展开论述，旨在帮助读者抓住机会、充分利用贵人的提携与帮助，并从自我完善和人际关系的角度全面考虑，告诉读者如何令自己拥有羡煞旁人的贵人缘。

目 录

第一章 没有贵人相助，你将寸步难行 …………… 1

1. 你再能，没人帮你也是无能 ……………………………… 1
2. 个人力量不足以抵挡千军万马 …………………………… 4
3. 没有贵人，你只能感叹人生 ……………………………… 8
4. 事业发展需要贵人，没有他们你就难以成功 …………… 11

第二章 实现自我价值需要贵人 …………………… 15

1. 贵人能帮你完成无法完成的事 …………………………… 15
2. 贵人是你生命中不可缺少的人 …………………………… 17
3. 遇到贵人，你的才华能得以施展 ………………………… 20
4. 贵人，创业者的助力军 …………………………………… 24
5. 贵人是加快实现价值的福星 ……………………………… 28
6. 爆发力强的千里马，更需要贵人的扶持 ………………… 30
7. 贵人是事业成功的支点 …………………………………… 34
8. 贵人会给"成就大事"的人一个机会 …………………… 37
9. 实现理想，需要贵人 ……………………………………… 42

第三章 怎样找出你的贵人 ………………………… 46

1. 留意观察，轻松接近贵人 ………………………………… 46

2. 找出贵人需要花点"心思" ………………………… 53
3. 找出适合自己的贵人 ……………………………… 58
4. 要时刻准备与贵人牵手 …………………………… 61
5. 找出不同能力的贵人 ……………………………… 64
6. 抓住贵人与你的缘分 ……………………………… 68
7. 善待他人,贵人悄悄来 …………………………… 72
8. 贵人无处不在 ……………………………………… 78
9. 把老板变成你的贵人 ……………………………… 81
10. 老师背后的贵人力量是无穷的 …………………… 84

第四章 吸引贵人的法宝 …………………………… 88

1. 注重外在的形象装扮 ……………………………… 88
2. 创造机遇,主动接近贵人 ………………………… 92
3. 执著追求,用精神打动贵人 ……………………… 95
4. 接受忠告,有利于吸引贵人 ……………………… 99
5. 不断努力,让贵人感受到你的力量 ……………… 102
6. 利用潜能发出光芒,吸引身边的贵人 …………… 105
7. 做一些让贵人值得垂青的事 ……………………… 109
8. 有人情味更能受到贵人的青睐 …………………… 115
9. 做一个敢于担当的人 ……………………………… 120
10. 在贵人面前要善于表现自己 ……………………… 123

第五章 拿什么来留住你的贵人 …………………… 127

1. 贵人运是一点一滴修来的 ………………………… 127
2. 贵人只为自己欣赏的人出力 ……………………… 132

3．乐观进取，让贵人能够找到你 ·················· 136

4．感怀贵人的恩情 ···································· 140

5．结交贵人时，剔除功利心 ························ 145

6．真诚待人，做人有诚信 ··························· 148

7．不要强求你的贵人，贵人会在你需要时伸出援手 ··· 153

8．只有投资感情，才能增长收益 ··················· 156

9．能否被贵人重视，由你的态度决定 ············· 164

10．实干精神可让贵人看到希望 ···················· 167

第六章　用好贵人，造就完美人生 ·················· 172

1．贵人的几大类型 ···································· 172

2．贵人能为你的人生道路穿针引线 ················ 180

3．借助贵人的力量，能够去除事业上的阻力 ····· 185

4．做事找人要对症下药方见成效 ··················· 189

5．贵人背后的其他力量也能给你的事业加分 ····· 193

6．贵人的处事方法不一定友善 ······················ 195

7．"典型"的贵人更能促进你的事业 ················ 199

8．要向贵人请教而不是求助 ························ 203

9．借贵人护航，你将平安出海 ······················ 206

第七章　贵人能传输给你怎样的力量 ················ 211

1．化腐朽为神奇，起死回生 ························ 211

2．贵人让你的人生更加精彩 ························ 215

3．学习贵人的优点，铸就个人事业 ················ 220

4．借助贵人品牌，提升个人的身价 ················ 223

5．借他人经验，壮大自己 ··························· 228

6．贵人的一时谋略会给你注入一生的力量 …………… 233
7．贵人令你不鸣则已，一鸣惊人 …………………… 237
8．贵人带给你能量，能促进你的辉煌 ……………… 240
9．贵人能助你开创一片绿洲 ………………………… 243

第八章　贵人带给你的人生意义 …………… 248

1．向贵人学习为人处世 ……………………………… 248
2．贵人能为你的人生指明方向 ……………………… 251
3．"忠诚"能增强你的贵人运 ……………………… 255
4．贵人好比阳光普照大地 …………………………… 260
5．成就他人，也就是造就自己成功 ………………… 264
6．价值不分你我，造就别样人生 …………………… 268
7．无心的启蒙与吸引贵人的成就 …………………… 271
8．贵人，给我们带来了思索的力量 ………………… 276
9．与贵人共为赢家 …………………………………… 277

第一章 没有贵人相助，你将寸步难行

1．你再能，没人帮你也是无能

或许你很有才华，相信自己可以和马云比肩；或许你很有头脑，认为自己能够和比尔·盖茨一较高下；或许你很有先见之明，觉得一定可以不出李嘉诚其右……但是你要知道，尽管你什么都有，可如果在关键时刻没有人愿意助你一臂之力，那么你再优秀也只能是埋在岩石里的金沙。

为什么这么说呢？因为总有些事情是你无法靠自己的实力去完成的。从这些方面来看，其实，这个世界上的人原本就无所谓什么优秀不优秀的，因为你总有需要别人拔刀相助的时候，就如同罗马不是靠一个人的力量建立起来的一样。

俗话说得好："一个篱笆三个桩，一个好汉三个帮。"每个人的力量都是有限的，任何人都不可以孤立地存在，不管愿不愿意，只要你生存在这个世界上，你的一切都会与他人产生盘根错节的联系，也正是这种联系，使得你在遇到困难，被某种事物阻碍时，可以找到帮你一把、拉你一把，助你走过非常时期的那个人。

刘三的祖辈都是脸朝黄土背朝天的农民。到了他这一代，思想变得开阔了，为了改变"代代耕田代代穷"的命运，初中没毕业的刘三就去外地打工了。经过多年的奋斗，现在拥有了自己的一番事业，还成了当地响当当的农民企业家，在他的家乡出尽了风头。

但人出了名,总是难免会"翘尾巴",刘三也不例外。成功之后的他很快就忘记了自己的出身,甚至整天趾高气扬起来。有一天,村里的乡亲找他帮忙,他很不客气地说道:"哼,你们是谁呀?像你们这样贫穷、卑贱的人,帮也是白帮,赔钱的买卖我是不会做的,你们还是趁早打消这个念头。"他的一番言语把前来投奔的乡亲们气得吹胡子瞪眼的。没办法,乡亲们只好另寻出路。

可事情偏偏在接下来的几天里出现了戏剧性的发展,刘三做梦也没想到自己会栽在让他看不起的老乡手里。那是一个晴朗的夏天,他像往常一样回村子里看望父母。就在他回去的路上,天突然变了色,下起了瓢泼大雨,偏偏车子又陷入了泥坑里。这可把刘三急坏了,因为下午他需要去签一个很重要的合同。情急之下,他回村里找老乡来帮他推车。可是,找了一圈,谁也不愿意帮忙,甚至还有人学着他曾经说过的话:"像我们这么贫穷、卑贱的人,帮了也是白费力气,你还是走吧,这个忙,我们帮不了。"听到乡亲们说这样的话,刘三心里真不是滋味。

瞧瞧,你再能,没人帮你也是无能,像刘三这样的"成功人士"都能栽这么大的跟头,更何况你我。生活中,谁都有可能成为我们的贵人,别小瞧了那些力量微薄的人,因为在某种特定的环境下,也许他就是你救命的稻草。因此,遇到任何事情,我们都不可以随意说大话,更不可以过度自我膨胀,刘三,就是我们的前车之鉴。

要知道,人类之所以强大,主要的原因是人们有团结互助的精神,人类和动物相比更具有人情味。这种团结互助的精神好比一条链,不管你去哪里,你都必须与他人建立起某种关系,否则,你将难以在世上立足。

各个行业会有各个行业的专家,或许在熟知的领域我们是能人,可是,再换一片天地,我们是否还可以游刃有余地做到事事周全呢?当然不能。术业有专攻，谁都不能保证面面俱到，所以当你遇到困难时，没有贵人相助，孤军奋战的境况是十分可悲的，那么就不要固执地钻牛角尖，一味地低头努力，抬头看看是否有人已经向你投来目光，准备向你伸出援手，想要成为你的贵人。

相反，如果你获得贵人的赏识，就算是职场里的新人也可以顺势而为，扶摇直上。因为贵人的时间和精力与资源也是有限的，所以，他们不可能随意帮助他人，只有他们欣赏的人才会获得扶持的礼遇。

小戴大学毕业后，通过朋友的关系进入了一家跨国公司，他的职位是销售。因为在学校没有好好学英文，因此，在销售的过程中，常常接到客户的电话而不知所措，无奈只能半中文半英文地应付客户。当然，他的工作能力也经常受到领导的批评，业务水平也很差。

难以容忍的主管对小戴下了最后通牒："你必须在一周之内背下所负责的所有产品的英文，否则，达不到要求就卷铺盖走人。"为了保住工作，小戴每天闷头硬背，最后他背下了10多页的英文说明书。

某天下班后的下午，小戴独自留在办公室处理合同。在这时，从办公室的门外，突然走进一个中年男子，进来后也没与小戴打个招呼，自顾自地走到电脑旁收发邮件。小戴有些奇怪，想问又觉得自己是新人，所以，到最终也没有问对方的名字。不一会儿，一个客户电话打进来咨询业务，正好是小戴负责的产品。小戴便熟练地回答了对方的问题，客户觉得不错，当场下了订单。

放下电话，小戴心情不错，正准备收拾东西回家。这时，沉默不语的中年人忽然和他打起招呼："你的英文很不错！"交谈之下，小戴才得知自己眼前的这位先生正是本公司的总裁。

因为老板的鼓励，小戴对自己越来越有信心，他的英文水平突飞猛进。总裁每次开会时总会问下属："销售部那个英文很棒的小伙子最近的工作情况如何？"这特殊的问候让小戴的上司和同事惊诧无比。于是，就职该公司几年间，在"贵人"总裁的关照下，小戴的职场之路一路顺风。

小戴是典型的遇贵人就宏运当头的人，因为偶然的机会给上司留下不错的印象继而获得一步步的升迁。小戴是幸运的，但幸运的背后，让我们看到了他的努力，因为努力，而获得了贵人的提携。

2. 个人力量不足以抵挡千军万马

"一个人力量是微薄的，只有集聚众多的力量才能把事情办好。"这是许多企业家不变的金科玉律。的确，在今天，仅凭自我打拼而获得的成功是不切实际且不能长久的。每一个人都会遇到才思枯竭的一天，想要成就大事，就要善于借助贵人的力量，借助于他们的智慧和资源，去完成你想要完成的事，这样才会使你的成功之路一马平川。

通览古今，凡是成就大事的人都不曾离开过贵人的帮助。历代卓越超群的文臣武将，无不幕僚成群谋士成伍，以增加自己的"分量"；历朝或贤明或昏聩的帝王，也无不招贤纳士，为他们的大业出谋划策。想象一下：如果李世民没有魏征，刘邦没有韩信，秦始皇没有李斯和蒙恬，他们何以开创大业、治理天下？古人如此，今人也是如此。当事业遇到瓶颈的时候，如果能整合起周围人的力量，那么就有望突破困境，柳暗花明。

苹果公司的创始人乔布斯和沃滋尼亚克在上中学的时候就认识

了。当时，有一台"8800"对他们来说，实在是太过奢侈的想法，所以面对计算机，他们只能望而兴叹。无奈，两个人实在是太想要一台属于自己的计算机了，于是乔布斯和沃滋尼亚克一起动手，硬是用零件组装了一台。掌握了基本的组装知识后，两个亲密的朋友又购进了一些散装零件，成功地装好了100套"苹果-I"计算机板，以每台售价50美元卖了出去。尽管这次他们并没有赚钱，但"苹果"的种子就此种下。

由于有了一定的基础与经验，两个人开始关注计算机方面的信息。经过市场调研，乔布斯敏锐地发现，每一个人都希望买到一台整机，而不是散装配件。于是两人开始在这方面下工夫，为了把外壳设计得更美观、大方，乔布斯还颇费了一番周折，终于设计出了轰动一时的"苹果-Ⅱ"。

"苹果-Ⅱ"推广成功后，乔布斯和沃滋尼亚克更加肯定了自己的能力，决定合伙开一家自己的公司。但资金成为阻挡了他们的前进的屏障。

值得庆幸的是，乔布斯和沃滋尼亚克遇到了好朋友唐·瓦伦丁，唐·瓦伦丁把乔布斯和沃滋尼亚克介绍给了另外一位企业家——英特尔公司的前市场部经理马克·库拉。这位企业家对微型计算机十分精通，他检查了乔布斯的"苹果"样机性能，并做了详细的询问和考察，还了解了"苹果"电脑商业前景，之后，马克·库拉立刻意识到了乔布斯和沃滋尼亚克的发展潜能，决定与他们合作。三个人根据持续几天的商谈，制订出了"苹果"电脑的研制生产计划书。马克·库拉慷慨地把自己的9.1万美元全部投了进去，接着，又从银行帮乔布斯和沃滋尼亚克取得了25万美元的信贷。

资金已经有了，那么技术方面要如何保证呢？为此，他们聘

用了熟悉集成电路生产技术的迈克尔·斯科特当经理,由马克·库拉、乔布斯担任正副董事长,沃滋尼亚克任研究发展部副经理,苹果微型电脑公司就逐步发展了起来。

可以想一下,如果乔布斯没有遇到沃滋尼亚克,乔布斯和沃滋尼亚克没有遇到马克·库拉,他们三人没有雇用迈克尔·斯科特,苹果微型电脑公司仅靠他们其中一个人会发展起来吗?会不会有今天的辉煌呢?正是他们的通力合作才有了今天人人熟知的苹果公司。但是,人与人的合作不光靠力气相加减,更多的是每个人所展示出来的光环凝聚在一起的能量,光环越亮,你就越能让团体散发出更加大的魅力,同时,也可以将更优秀的合作者吸引到你的身边。

因此,无论在工作还是生活中,我们都要多花些心思,多凝聚众人的力量来强大自己。

有时候,你的工作很出色,业绩也不错,但就是无法达到应有的高度,在回报率方面也很有限,这时你就处于人生的十字路口,而你能选的也只有两条路,要么原地等死,要么打破局面重新寻找发展的方向。

最初的"波司登"品牌,一直都是默默无闻、无人问津的。那么,它是如何改变命运,最后冲到市场的前端,在高端品牌市场中占有一席之地的呢?其实,这与它的幕后贵人张鸿雁有关。

张鸿雁是中国十大策划专家之一、著名品牌营销策划的领军专家,他一手策划了"红豆"等众多品牌。在接下"波司登"这单业务时,张鸿雁做过详细的调查,他发现1995年时,"波司登"羽绒服的销售量就已经达到了68万件,远远超出了所有的竞争对手,这说明"波司登"已经具备了羽绒服大王的实力。但是,当时的市场普遍认为,老大是另一个羽绒服品牌,而且消费者对该品牌的认同度也比较高。而相比之下，作为后起之秀的"波司登"品牌尽管质量上乘，但由于上市较晚，所以影响力和宣传力都略有逊色。也正是这个原因，造成了"波司登"在长达3年的时间内，虽然占据了最高的市场份额，却没有获得相应的市场地位。

经过调研，张鸿雁明白"波司登"品牌自身缺乏系统性的宣传，只有增加品牌的内涵及提高市场地位，才能从根本上解决问题。所以他有了一套自己的方案：他认为"波司登"品牌正处于成长期向成熟期的过渡，在这时期需要一个强有力的"催化剂"，以缩短成长的距离，从而迅速化身为成熟品牌。现在，最要紧的是，必须强化人们心目中"波司登全国第一"的概念，抢占品牌战略制高点。于是，他为"波司登"制定了一个可行的企划理念和战略目标：立足中国防寒服第一，挑战世界第一，力创世界名牌。

机遇永远属于实力派。在1997年10月，为了纪念人类首次登上珠峰45周年，纪念人类首次双跨珠峰10周年及中国与斯洛伐克建交5周年，中国登山协会与斯洛伐克山岳联盟共同组队，将于1998年5月冲击世界第一高峰——珠穆朗玛峰。为此，中国登山协会开展了紧锣密鼓的准备工作，其中包括为登山队选择优质防寒服。获得这一消息，张鸿雁马上敏锐地意识到这一举措背后潜在的巨大的商业价值和社会价值，在他的操办下，"波司登"获得了登山服的赞助提供权和登山队的冠名权。从这以后，"波司登——登上世界最高峰"的企业理念便名正言顺地扬名天下。

到了1998年3月26日，中国波司登登山队的誓师壮行会上，经理高德康代表波司登第一次喊出了："波司登——挑战世界最高峰"的口号。波司登登山队胜利凯旋后，这个口号正式确立为"波司登"品牌的宣传语，经过这件事后，张鸿雁将"波司登——挑战世界最高峰"设定为品牌的核心精神。

珠峰活动之后,为了加深品牌的内涵,张鸿雁又在2000年元旦策划了"万件波司登羽绒服登泰山、营造泰山最佳景观"活动。项目实施前后,泰安人奔走相告,时逢当年羽绒服市场旺季,波司登推出的羽绒服在各地被争相抢购,与登山队的防寒服相呼应,大大提高了品牌知名度和美誉度。

张鸿雁经过两次完美策划,使得"波司登"品牌家喻户晓,获得了全新的定位,形成了强大的品牌销售能力,占据了同行业其他品牌无法逾越的市场高点。事实证明,这是一个双赢的策划,因为不仅"波司登"这一品牌收获巨大,连策划人张鸿雁也因此获利不小。

想要成功,除了努力,还要拥有非凡眼光。在合适的时候找对合适的人,融合大家的力量,事情的发展就会转向对你有利的一面。要知道,贵人的地位和权力不一定有多高,关键是他的能力能够帮助你渡过难关,走上更宽广的舞台。

3. 没有贵人,你只能感叹人生

《三国演义》是我们都熟悉的四大名著之一,而诸葛亮更是家喻户晓的一代谋士,他曾上书刘备的儿子刘禅,说"臣本布衣,躬耕于南阳,苟全性命于乱世,不求闻达于诸侯。先帝不以臣卑鄙,猥自枉屈,三顾臣于草庐之中,咨臣以当世之事,由是感激,遂许先帝以驱驰。"意思就是因为刘备的赞赏,诸葛亮才有了出山大展宏图的机会。但其实从另一个角度而言,诸葛亮又何尝不是刘备的贵人呢?

在诸葛亮没出山之前,青年时期的刘备在家乡起兵,因为镇

第一章 没有贵人相助，你将寸步难行

压住了黄巾起义从而登上历史舞台，此后他雄心勃勃，想要"平定天下"，但经过近20年努力，仍是战绩平平，毫无起色。当时的刘备身边缺乏得力助手，东征西讨几十年，先后投靠陶谦、吕布、曹操、袁绍等人，委曲求全，奋斗到最后连一片自己的疆土都没有。走投无路的刘备，只好前往荆州投靠刘表，在此后数年中，一直寄人篱下，过着悲惨的生活。岁月不饶人，眼见自己头发开始花白，自己的事业却毫无着落，不由得悲叹，感慨生命的短暂。

但是在那一年，新结识的谋臣徐庶向刘备推荐了一位重量级的谋士，他就是我们熟知的诸葛亮，此时的诸葛亮尽管名遍天下，但仍在襄阳隆中躬耕度日。刘备了解了诸葛亮的才识后，在心里暗自发誓一定要获得这位不可多得的贵人，三顾茅庐之后，27岁的诸葛亮决定相助于刘备，接下来他献出了著名的《隆中对》，为刘备指出了一条具有转折意义的新出路，也为自己搭建了施展才华的舞台。在以后的几十年中，在诸葛亮的谋划和辅佐下，刘备实现了联吴抗曹的壮举，短短6年间先后夺取了荆州和益州。又过了7年，刘备借助诸葛亮的谋略成就了自己的霸业，在蜀中称帝，国号为汉，建立了蜀汉政权，奠定了魏、蜀、吴三足鼎立的局面，弱小的蜀国从此站稳了阵脚，安然维持了数十年。

刘备有远大的政治抱负，但这不足以使他成为帝王，换句话说，刘备能打下天下，成就霸业，有一半的原因要取决于智谋超群的诸葛亮。

想要成功，除了要具备较高的个人素质，最重要的一点，就是一定要有贵人为你排忧解难。有一句俗语："金无足赤，人无完人。"凡是成功的人，大都获得过贵人的提携和扶助。在这个竞争力充盈的时代，倘若没有足够的贵人关系网，那么你一定会被淘汰出局。因为缺乏贵人关系网的人要想

要取得人生和事业的成功,可以说"这比登天还难"。因此,找到贵人,就能摆脱孤军奋战的困局。

圣元国际集团凭着雄厚的实力上市到纳斯达克,圣元奶粉公司也是第一家在美国纳斯达克上市的中国食品企业。它究竟是怎样获得如此巨大的成功的呢?

圣元奶粉公司的创办得力于外企白领张亮,在没有创办圣元奶粉之前,张亮在中法贸易中赚了上千万元,他觉得圣元奶粉很有前景,于是,打算在婴幼儿配方奶粉这一领域开展自己的事业。

圣元奶粉公司成立后,业务的发展很顺利。但天有不测风云,因为法国突然暴发疯牛病,所有圣元奶粉被勒令召回,财务盘算后圣元亏损了2000多万元,濒临破产。在这个时期,张亮做了一个重大决策,他决定重金聘请优识营销管理公司打理公司的营销业务。而事实也证明了,以穆兆曦为首的优识营销团队,在最后的发展中成了张亮和圣元奶粉的事业贵人。

穆兆曦是实战营销派专家,优识的合伙人、优识营销管理培训学院院长。第一次会面,张亮就直奔主题问穆兆曦有关圣元的责任问题,他说:"圣元的销售业绩不好,到底是谁的问题?"穆兆曦回答:"谁承担业绩任务、谁花钱最多谁就承担责任,市场和销售要克服困难完成任务。"到了第二天,穆兆曦作为空降的营销总监,带领优识的一个团队入驻圣元,要在3年内与圣元员工一起奋斗,实现10个亿的销售目标。而张亮在给了穆兆曦目标的同时,也把圣元企业的人事权和财权交给了优识营销管理公司。

到2003年12月,在穆兆曦带领的优识团队接手圣元的品牌管理的项目不久,发生了"阜阳奶粉事件",在优识营销的策划下,圣元给那些患儿一举捐出价值100万元的奶粉,自此以后,圣元奶粉声名鹊起，很快占领了南方的大部分城市。

穆兆曦为给员工吃下定心丸，他给整个营销体系的人员全都涨了工资，其中，区域经理的薪酬上调了54%，穆兆曦的举动也获得了张亮的认同。薪资的上调收到了立竿见影的效果，员工士气大涨，使圣元的销售额也达到了前所未有的高度。

眨眼之间，就过了三年，在穆兆曦的领导下，圣元在2006年完成了15亿元的销售额，增长率达到72%。

不容置疑，如果没有以穆兆曦为首的优识营销团队的鼎力相助，圣元奶粉不可能取得今天的成绩。穆兆曦及优识团队是张亮及圣元奶粉的贵人，他们齐心协办、共同努力，为圣元的蓬勃发展付出了心血，也为张亮在以后的事业发展做出了卓越的贡献。

成功一定需要贵人，在事业的发展过程中，贵人给予的帮助往往能够十分有效地改变企业的命运。而如果没有贵人，或许你只能在人生的转折点上仰天长叹。

4．事业发展需要贵人，没有他们你就难以成功

有些人是天生的独立主义者，他觉得自己天生聪明，能做好一切事情。在生活和工作中只有别人求助自己的时候，而自己根本用不上别人，一切自己来，既省事又不丢"面子"。事实上，这种思想本身就存在着错误。因为每个人都会用到别人，只是早晚的问题。

我们都应该明白，自己只是大海中的一滴水，不足以浇灌四海。个人的存在对于大多数人来说完全是可有可无的，没有你的帮助，人家还可以获得其他人的帮助。反之，自己离开了别人的帮助就会举步维艰。

要是不信，你可以退出自己的生活圈，去一个没人的地方自己生活，不

去管身边的一切事物，你看看世界没有你，他们的生活会不会乱，世间的万事会不会停止运转。当你看到大家失去你后安之若素地生活时，你就会明白自己是多么的微不足道。再或者你不靠他人的帮助，想吃菜自己种，想吃鱼自己养，水管坏了自己修，看看生活会不会因为缺少了他人而变得不方便。

尝试之后，需要与被需要哪个分量重，你就会一目了然。你需要别人的机会多过别人需要你的机会，这是不可改变的定律，是人生的必然。只要我们活在这个社会中一天，我们就必须认真地对待，不要把自己定位成一个不需要任何人帮助的狂人！

李明凭借着"名牌大学的硕士生"这一光荣的头衔，应聘到S公司做设计师主管，他的职业和薪水让很多人都羡慕不已。不仅如此，新上任的三把火烧得也很旺，威慑力超强，把公司的老员工都给震撼住了，公司的所有人都很钦佩他的工作能力。也就是在这样的环境中，具有超强能力的李明开始有点骄傲了。他觉得公司的所有人都不如自己，认为自己是一个不得了的人物。在后来的工作中，他开始不把周围的那些同事放在眼里。同事们找他处理工作上的事情，他开始讥讽他们说："这么简单的广告都设计不出来，你的脑袋里都装什么了？"同事受到他的数落后，一声不吭地离开了。慢慢地，也没有人去找他帮忙了。时间长了，公司的同事也就自然而然地远离他了，他的人际关系变得一团糟。

人生之路不会永远那么平坦，任谁都会有不如意的时候，对于李明自然也不例外。这天一上班，领导就派发给他了一个新任务，限他1天之内拿出策划方案。这个任务需要收集多方面的材料，工作强度和难度都非常大。即使他有超强的工作能力，要在1天内完成，没有团队协作也是不可能的。被逼无奈，他只好硬着头皮去找同事帮忙，不料，被他数落过的同事也抓住机会对他以牙还牙。他很懊丧，但又无话可说。

眼看快要下班了，他不得不再次请求大家的协助。一位老员工最终帮助了他，并留给他一句话："现在醒悟了吧，别人当时找你帮忙，你数落了人家，最后人家还是解决了问题，而你遇到困难找人帮忙时，就没有人帮忙。记住，以后做事要大度。"

每个人的事业发展都离不开贵人，因为任何人都不会得意一辈子。今天宏运在你家，明天没准儿就去了他家。当你得意的时候要想到自己的失意，当你不愿伸出援手的时候，别人也不会充当你救命的稻草，只有明白这个道理，你的人生才会过得有意义。

2005年，搜房网总裁莫天全曾与法国传媒巨头Trader Classified Media媒体集团的首席执行官约翰共进晚餐，两人一见如故。随后，约翰打算向搜房网投资2250万美元，以换取15%的股份。当时搜房网由美国国际数据集团、高盛投资银行投资支持，并不急缺资金，也不需要融资，因此董事会成员大多不同意Trader参股。但莫天全却坚持认为约翰是全球最杰出的企业家之一，而Trader是全球最大的分类广告传媒集团，无论是从公司的治理，还是长远发展和规划方面，这两者都能给予搜房网很大的启发和帮助。于是，莫天全欣然接受了这位贵人的大力支持。

在约翰的帮助和引荐下，搜房网得以与澳大利亚三大上市公司之一的澳大利亚电信开始合作。约翰曾把Trader媒体集团在大洋洲的地产资讯业务全部转让给了澳大利亚电信，二者有很深的渊源。在他的促成下，于2006年8月，澳大利亚电讯斥资20亿元人民币加盟搜房网，以51%的股份成为搜房网最大的股东。搜房网多方引入投资，是为了让公司的国外战略投资者呈现多样性，以达到国际化公司要

求，从而为上市打下坚实的基础。而澳大利亚电信的目的主要是为了进入高速发展的中国市场。搜房网的广告收入和资讯收入的迅速增长，顷刻吸引了澳大利亚电信的眼球。这就是强强联手，这就是贵人遇贵人不可多得的点睛之笔。

事业的发展需要贵人的扶助，没有他们你将很难在事业的天地中立足。在快节奏的今天，单打独斗的经营方式无法让事业获得相应的发展，也无法突破现有的局限取得更大的收益。如果你仅凭自己的力量一意孤行，那么你的前途就会受到一定的阻碍。李明、莫天全的事业都充分地表现出了这一点。因此，要想自己的事业有所成就就必须获得他人的协助，如此，你就能更容易地走向成功。

第二章 实现自我价值需要贵人

1. 贵人能帮你完成无法完成的事

馆陶公主是刘彻的贵人,她帮刘彻扫清了帝业障碍,助刘彻登上了汉王朝皇帝宝座,刘彻不孚厚望,用自己的谋略使得天下得以安定。试想如果没有馆陶公主,刘彻能顺利完成大业,坐上龙椅吗?答案当然是否定的。

刘彻生于公元前156年,于公元前141年3月21日登基,他是汉景帝的第十个儿子,并非嫡子。那么,在嫡长继承制盛行的时代,他是如何取得太子之位的呢?

原来,汉景帝的薄皇后膝下无子,并且走得很早。有很长一段时间,汉景帝既没有立皇后,也没有立太子,在汉景帝的后宫之中,就形成了"宫闱之争"的局面。后位与太子位的争夺纷争持续不断。一直到景帝四年(前153年)四月,汉景帝立栗姬所生长子刘荣为太子,同时封刘彻为胶东王。就这样,刘彻的地位发生了变化,他成了一位王爷。

汉景帝的姐姐馆陶公主想让自己的女儿陈阿娇将来成为皇后,于是亲自出马和栗姬商量把阿娇许配给太子刘荣。然而栗姬很狂傲,她一口回绝了馆陶公主。馆陶公主为此恼怒不已,处世圆滑的馆陶公主很快与工于心计的王美人结为一党。王美人入宫之前就曾嫁过人,嫁入皇宫后地位一般,她深谙人情世故,也很明白馆陶公

主的意思，她答应让儿子刘彻将来娶阿娇为妻，馆陶公主则开始了废刘荣而立刘彻的计划。

馆陶公主和王美人首先让汉景帝对刘彻产生好感。一天，大家都在场时，馆陶公主问刘彻："你长大想娶妻吗？"刘彻笑笑说："当然娶妻了。"馆陶公主故意指着一宫女问："让她将来做你的妻子你愿不愿意？"刘彻摇头不悦。馆陶公主接着又问："那让阿娇将来做你的妻子你愿不愿意？"刘彻回答说："要是我能娶到阿娇，我就给她造一座金屋住。"果然，刘彻"金屋藏娇"的誓言获得了汉景帝的好感。

接着，馆陶公主就在汉景帝和窦太后面前说栗姬与后宫的妃嫔们都合不来，如果她做了皇后，恐怕又要重演前朝后宫倾轧的悲剧了。景帝听闻这些话，于是试探栗姬说："我百年后，希望后宫的嫔妃和我众多的儿子能够获得你的照顾。"谁知道栗姬神色瞬间改变，表现出不满的神情。汉景帝为此大为失望，遂决定废黜栗姬和太子刘荣。

景帝七年（前150年）正月，汉景帝废刘荣为临江王。同年四月，封王美人为皇后，胶东王刘彻为太子。两年后，长子刘荣自杀身亡，刘彻也坐稳了太子之位，并在景帝后三年（前141年）正月，景帝病逝后登上皇位。

有很多事情，我们都是无能为力的，但偏偏就有一些人，他们能够帮助我们完成我们做不到的事，这就是贵人。没有钱你也许能够成功，没有地位你也许能够成功，但没有贵人，你就绝难成功。成就霸业如此，个人的发展一样需要贵人的扶持和推动。

钟彬娴是雅芳的首席执行官，也是全球最成功的华裔女性之一，她的成功除了自己的努力外，同样离不开贵人的帮助。在鲁明岱百货公司任职时，钟彬娴遇见了她职业生涯中的第一个贵人。她就是鲁明岱历史上的第一个女性副总裁法斯。因为她的提拔，年仅27岁的钟彬娴从一名普通的职员一跃进入了公司的最高管理层。

后来，钟彬娴跳槽进了玛格林公司。不久，钟彬娴因为出色的表现被上司提拔升职，但她觉得自己在这里的发展空间有限，于是又跳到了雅芳，碰到了另一位贵人，即雅芳当时的首席执行官普雷斯。普雷斯很欣赏钟彬娴的办事风格，于是破格提拔她。因为个人的努力，加之普雷斯的指导，很快雅芳首席执行官的位置迎来了钟彬娴。最终她在四十出头的时候，就成了全球最有影响力的25位商界领袖之一。

这是一个没有任何背景的女人，年纪轻轻就升到了这样高的位置，在商界中确实是一个奇迹。而她最成功的地方不是时时提升自己，也不是巴结奉承，而是善于结交贵人，借助贵人的力量成就自己的事业。

贵人总是能帮你完成一些你无法完成的事情，金钱上的资助也好，事业上的帮助也好，甚至是心灵上的交流，或许这小小的举动就是你前进的动力，就是你人生中不可多得的转机。

2．贵人是你生命中不可缺少的人

人生总会遇到这样或那样的棘手事，当你碰到疑惑时，多去接受贵人的意见，这样能帮你渡过难关，也能让你学到宝贵的经验。需要注意的是，在用"请教"的方式向对方提问时，时间不用太长，便可拉近你们的距离。如此，也能让你们的谈话更为和谐。

不要放跑你的贵人

宋强是计算机专业的学生,毕业后就职于一家软件开发公司。因为出色的专业技术,不到半年,就被选拔到一个重要的研发小组,并且担任了组长。

组长职务让宋强开始飘飘然了,他处理事情变得"独裁"起来。再后来,因为遇到了研发课题上的难题,他才慢慢收敛,并且发现了自己以前犯的错误,他也深刻地意识到个人的力量不足以攻破一切难题。于是,他开始改变自己,留意身边的人,很快他发现有些人虽然计算机应用能力不如他,但却具有丰富的研发经验和卓越的研发能力。有一个其貌不扬的人,平时也不爱说话,但他的研发方案却闪耀着智慧的光芒,让许多科班出身的人都觉得自惭形秽。

宋强明白了一个道理,只有与人合作,才能取得更好的成功。他立刻放下"架子",一边暗中努力学习,一边虚心向别人请教。在上班的时候,宋强遇到工作中的细节问题就会问自己的同事。比如,某个研发方案的设想是否可行,需要进行哪方面的修改;有关程序的编写是否还有更佳的表达方式等。经过长期的学习和沟通,最终,宋强与其貌不扬但很有能力的同事成了工作中的好搭档、生活中的好朋友。后来,在整个公司的团队合作下,公司的多个科研课题得以很顺利地完成,公司的领导也更加看好宋强了。

"三人行,必有我师焉。"每个人都有好的方面需要我们学习,尤其是经验丰富和取得了成就的贵人。只要你表现真诚,贵人不会因为你向他们征询意见而看低你。在与贵人讨论问题的同时,他们不仅会帮你出谋划策,还会格外地看好你,在他们心底,会觉得你是一个值得帮助的人。这样,你不仅赢得了机会,而且还结交了人脉。

有时,你身边人微言轻的贵人,在你面临重大决策面前,因为给予你一点支持，一点建议，这些就足以改变你的事业前途。

第二章 实现自我价值需要贵人

刘雪是一家小餐馆的老板，她的生意还不错。她有一个弟弟在大连经营东北黏玉米，2000年，弟弟突然跑回家要姐姐和自己一起经销黏玉米。接触到这个行业，刘雪才知道反季节销售的黏玉米价格要比正常季节高出好几倍，利润很大，一天能收入2000块钱。弟弟的生意很好，但有时因为供货不足会影响客户购买玉米的情绪，于是，弟弟打算在家乡种植玉米，并让姐姐加入一起赚钱。

在弟弟的再三劝说下，刘雪打算进入这个行业，一起与弟弟经销黏玉米。接着，他们在佳木斯农垦科学院找到了黏玉米的种子，可他们自己没有土地，只好发动农户种植。当时的普通玉米只有每公斤4毛钱，刘雪决定和农户签订购销合同，并制定每只黏玉米2毛钱的最低保护价，这要比普通玉米利润高出2倍。可即使如此高额的回报，农民也不敢种植，怕上当。连续奔波了两个星期，因为不认识人，刘雪没签到什么合同。而就在这时，她想起一个大学同学在村子里当小学校长，便去向校长求助。校长扎根当地近30年，非常有威望，只要能把他说服，其他农户基本上不会有太大的问题。

在校长的帮助下，刘雪和村里农户签订了15份合同。到第二年8月，普通玉米还没成熟，这片土地上的黏玉米就大获丰收，村里的农户按照合同，以每只玉米2毛钱的价格卖给了刘雪。刘雪将当年90万只玉米加工完毕，送进了租好的冷库。这时已近11月，市场上新鲜玉米已卖完，刘雪觉得时机已到，她与弟弟在街边把黏玉米免费分给行人品尝，每天能卖出1000只玉米。这时她接到了一个厦门客商的电话，对方提出要一车黏玉米。刘雪派弟弟带着20吨玉米赶往厦门送货，厦门客商一见玉米成色非常好，当即又追加了另外两车速冻玉米。到2003年春节前，刘雪又陆续地接到了来自国内各个城

市客户的电话。

第一年取得了不错的收入,在第二年里,刘雪打算扩大基地规模,她在28个乡镇又选择了100多亩基地种植黏玉米。2003年夏天,她的速冻玉米产量达到了280万只,这让她大赚了一笔。到2006年的玉米产量达到了1200万只,还向韩国市场销售了400多吨速冻黏玉米。在创业的6年时间内,刘雪在当地成了响当当的人物。

事实上,刘雪的弟弟和当小学校长的大学同学就是她身边人微言轻的贵人。在刘雪事业的关键时期,因为他们的及时建议和出手相助,使她的事业道路获得了及时的转变。同时也因为自己与贵人弟弟的共同努力使得事业达到了一个辉煌的时期。

3. 遇到贵人,你的才华能得以施展

中国历史上有很多的著名人物,他们能力超群,事业干得轰轰烈烈,每个人都让我们钦佩不已。但你有没有想过,为什么这些人能够名垂青史?为什么他们在历史的舞台上能够叱咤风云?如果你猜不到,那么你可以想象一下,倘若姜尚没有"钓"到周文王,管仲没有遇到齐桓公,狄仁杰没有遇到武则天……没有贵人的慧眼,哪来他们的青史留名?没有贵人提供平台,他们又怎么发挥出自己的才智?

无论是怀才不遇的文人,还是有劲无处使的武将,他们都会有难以施展拳脚的苦闷,虽然满腹经纶,英勇善战,却没有人愿意给他们一个平台。也就是这样,许多有识之士都因为没有遇到伯乐而沉寂一生,也就是这样,才更显示出贵人的"可贵"。所以,人生不能缺少贵人的赏识与提携,因为他能给你一片天地,让你的能力获得最大限度的发挥。

第二章 实现自我价值需要贵人

（1）贵人所提供的发挥空间，是许多人梦寐以求的

小林是一家企划公司的宣传顾问，不到3个月就被经理提升为总管。经理认为，小林工作认真，业绩出色，所以非常看重他。因此，小林就从一名普通的员工跻身公司的管理层。在以后的工作中，小林更是兢兢业业，他不能辜负经理对他的期望。经理的做法使小林深刻地认识到，尽管自己的工作态度和业绩获得了公司的认可，但自己的出色表现还源自于经理的赏识，正是经理给自己提供了发挥才智的小天地。小林以后如鱼得水，轻松自如地发挥着自己的才干。

所以，贵人来改变你的命运时，会先给你提供机会，提供实战的场地，只要运用好这个场地，就能实现自己的远大抱负。

（2）贵人能够帮你更深刻地认识到自己的才能

每个人的潜能都需要激发，有很多你自己都没有意识到的才能，或许一经点拨，就能成为"创世之举"。

米开朗基罗是享誉世界的雕塑大师，他的雕塑作品《大卫像》和绘画作品《最后的审判》从文艺复兴时候起，就成了传奇一般的存在。但其实，他并不是一开始就天赋异禀，而是在尤利乌斯二世的严苛要求下，才逐渐成长起来的。

当米开朗基罗完成自己最得意的《大卫像》时，几乎成了人们心中的偶像，也正是这样，他被当时的教皇尤利乌斯二世邀请去画壁画。但米开朗基罗所擅长的是雕塑，他画壁画的水平可差得太多，但尤利乌斯二世并没有换人的打算。于是接下来的几年里，米开朗基罗把自己关在绘画的场地中，不断研习和修正，这样才描绘

出了令世人震惊的《最后的审判》。

（3）给你提供难得的机会

机会是给有准备的人的，因为你不知道它什么时候就会降临在你的身边。

小李从考上大学的那一天起，他的愿望就是能留校任教。因此，大学就读的四年间，他认真学习，积极参加学校的各种团体活动，不放过系里的每一次干部竞选，和学校的所有老师搞好关系，给同学们的心里留下好印象，平时在校园的校刊上也发表过不少的小作品……他把一切事情都处理得那么完美，就连系主任也说，毕业后若没有别的安排，能留校就留下来吧。

虽然系主任的话给小李吃下了一颗定心丸，但小李还是有点担心，因为系里不太缺人，自己的学历又十分一般，靠什么留校呢？时间一天一天过去，眼看就要毕业了，有的同学已经找到工作了，可小李还在执著于自己的愿望，他还在等待。因为毕业办手续，小李到学工部办事，见到了学工部部长，忍不住流露了自己的留校想法。由于平时表现不错，部长对小李的印象很好，他对小李说："学工部的杂事很多，现在正好缺一个打杂的，你愿意来吗？"不管怎样，总算是留校，小李爽快地答应了。

如今留校已经3年了，凭着良好的表现和出色的能力，小李早就升职到学工部的管事，据学工部部长透露，最近小李仍有升职的希望。当然，小李知道，自己之所以取得今天的成就，完全是部长给的机会，他要努力工作，报答部长的知遇之恩。

（4）贵人能在你最低落的时候给你勇气

有时，一个鼓励，一句问候，能使一蹶不振的人重新振作起来。这是贵人关键时刻所给予的强大力量，这种力量足以影响一个人的一生。

台湾的著名歌星蔡琴在20世纪70年代，以民歌歌手的身份涉入歌坛，随着第一张唱片《出塞曲》的发行，歌唱事业逐步走红。可是，花无百日红，到了中年时期，她不仅事业遇到了低谷，还与台湾著名导演杨德昌的婚姻宣告结束。蔡琴在经历那段黑暗的日子时，心情无比的沉重，她也不知道自己的明天会在哪里。

一天，几个好友来看她。她们深感蔡琴的痛苦，都表示出了鼓励和安慰，但是蔡琴仍然摇摇头，失落地说："一切都结束了，我再也站不起来了，现在什么都没有了。"

一位朋友见她这样，接着说："你怎么能这么轻易就泄气了呢？你身上还有好多别人没有的优点，这些都是你重新站起来的资本。"

"优点？我哪有什么优点？"蔡琴摇头说。

为了坚定蔡琴的信心，朋友找来了纸和笔，将她的优点一一列在纸上。朋友们用了半个小时的时间，写了200多条优点。接着，她们把这些优点，帮蔡琴叠好全部装进一个瓶子。做完这一切后，朋友们对蔡琴说："我们不是在恭维你，这些优点都是你以前留给大家的印象。从明天起，你每天起床后从这瓶子里拿出一张纸条，看看纸条上的内容，慢慢地你就会对自己有信心。"

听朋友这样一说，蔡琴也觉得很有意思。第一天，她起床后就打开了瓶子，拿出了一张纸条，慢慢展开，上面写着两个字"乐观"。下面还有一行小字"蔡琴，加油！"蔡琴的眼睛湿润了，她感受到了来自朋友的关爱，心里暖暖的。那天她为自己准备了早餐，她已经好长时间没有吃早餐了。第二天早晨，蔡琴从瓶子里拿出了第二张纸条，上面写着两个字"聪明"。她笑了，没想到在朋

友眼里，自己是个聪明的人。到了第三天，蔡琴手中的纸条上写着"有歌唱天赋"；第四天，蔡琴手中的纸条上写着"进取心强"；第五天……一直看到225张纸条，每张纸条上都写着朋友对自己的评价。也不知从哪天开始，蔡琴的脸上开始有了微笑，开始打扮，并且很自信地走到大街上去购物。

伤痛过去，蔡琴带着自信和歌声重新走上了舞台，她好像又一次回到了从前，她的歌唱事业就此达到了更高的巅峰。

在事业发展的过程中，贵人不仅能够给你机会，更可以给你找到精神支柱，他不仅为你赢回了信心，也为你赢回了事业的希望。

4．贵人，创业者的助力军

想要获取成功，就离不开贵人的帮助，也离不开贵人给我们创造的机遇。如果单凭自身的微薄力量，想在人生的道路上取得成功，不仅需要时间和精力，而且极有可能错失成功的机遇。特别是在事业的开始阶段，如果没有人肯向你伸出援手，那么你的前进道路就会充满了荆棘。

其实，给我们创造成功机遇的人并不一定非要有权有势，但他们的力量确实能彻底改变我们的命运，而且，他们就在茫茫的人海中，可能是你的朋友、老师、父母、同事，甚至会是陌生人和博弈对手。他们或许会给你一些好的建议，或许会给你指明方向，或许会给你提供金钱等多方面的帮助。这些对于我们来说，这些都是宝贵的财富。

当我们穷困潦倒，跌入人生低谷时，如果有一位贵人出现并且提供帮助，我们就会大受鼓舞，浑身充满力量，就会在坎坷中珍惜这来之不易的机遇，进而努力奋起；当我们的事业还没有起色，处在开拓阶段时，如果有一位贵人不经意间送给我们一句箴言，为我们指明方向，那么这无疑是春风送暖，雪中送炭。

有一句名言是这样说的："想要获得成功，不在于你知道什么，而是在于你认识谁。"一个人想做一番事业，除了具有优良的品德和能力外，重要的一点是认识对了人。认识对了人，你也就把握住了成功的机遇。

不仅古代的杰出人士需要贵人，现代人也同样如此。杨澜是大家有目共睹的资深传媒人士，她创立了阳光媒体投资集团，是阳光文化基金会董事会主席。她年轻有为，有着成功的事业。杨澜之所以取得成功，一方面取决于个人能力，另一方面是获得了贵人的相助，贵人是促进她事业成功的助推器。

学生时代的杨澜和一般的同学相比没什么两样，都是为了成绩而努力学习。那么，杨澜的命运是怎么改变的呢？在1990年，杨澜从北京外国语大学毕业后，正遇上《正大综艺》在全国招聘主持人。当时的杨澜凭着青春的气息、清脆悦耳的声音、清纯美丽的外貌获得了正大集团老总谢国民的赏识，他最终选中了杨澜。随着《正大综艺》的走红，杨澜也备受瞩目，迅速成名，一下就上升到很多人都无法企及的事业高度。

到了1993年，杨澜迎来了她人生中的又一次转折。谢国民到了北京，与《正大综艺》剧组成员一起吃饭。席间，谢国民问杨澜："你准备永远这么工作下去？有没有想过其他发展？"杨澜听老总这么说，还以为自己做得不够好准备换掉自己。谢国民接着说："我觉得你是一个很有潜力的主持人，有没有考虑出国留学？"杨澜也确实这样想过，但因为经济原因而无法实现。于是，杨澜开玩笑地对谢总说："如果我走了，《正大综艺》岂不是没有主持人了？"谢国民认真地说："我觉得一个节目没有一个人重要。"见

老总这样看重自己,杨澜就坦率地告诉了谢国民自己的想法及目前的困难。没想到谢国民说:"你如果下决心出国留学,学费方面我可以负担。"杨澜听到谢总的回答,有点不敢相信自己的耳朵。谢国民又给了她一个惊喜说:"我觉得你是一个人才,你也不是我第一个赞助去留学的年轻人,我希望你有好的前途,这就是你对我的回报。"就这样,杨澜到美国留学了。

杨澜是聪明的,也是敬业的人,但是优秀不见得就会拥有成功。很幸运,在美国留学期间,杨澜遇到了再次改变她命运的贵人,这位贵人就是她的爱人吴征,这一次机遇直接促成了杨澜今日的成功。吴征与美国华纳唱片公司合资中国电视企业。他与杨澜第一次成功的合作应该算是《2000年那一班》的制作,这部片子备受好评,杨澜因此获得了很高的国际知名度。在以后的岁月里,吴征作为杨澜的事业和生活上的伙伴,为杨澜的事业和人际关系做出了巨大的贡献。

对于杨澜,谢国民和吴征都没有看错。从《正大综艺》到《杨澜视线》,再到《杨澜工作室》和阳光媒体投资控股有限公司主席,一路走来,杨澜是幸运的,也是成功的,她用自身的能力获得了大众的认可,赢得了贵人的赏识和帮助,最终成就了一番事业。

在创业的过程中,最缺少的往往是资金和人脉,因为贵人的帮助,杨澜这两点都获得了,因此,她很快获得了成功。所以,贵人是我们成就事业不可缺少的力量。另外,贵人还可在其他方面帮助我们走向成功,这点可以在普通人身上找到影子。

张平念完了高中后,就在家待业,他不想出去打工,但又想做点事情,于是,他和父母商量在县城开了一家饭店。他没有开饭店的经验，也不懂人情世故，所以，开张不久饭店就维持不下去了。父母都劝他关门算了，但张平年轻气盛，不甘心就此关门。昔日的同学都已走进大学校园，自己没有机会读书，难道还干不出一番事业？

刚刚早上10点，根据以前的经验，这个钟点还不会有人光顾。于是，张平出了门，想去散散心。他沿着马路走进了一家公园。公园里有人散步，在一处拐角处还有两位老人在下象棋。他走到两位老人身边坐了下来。老人看见小伙子也很奇怪，因为他们很少见到这么年轻的人散步。在闲聊中，张平说出了自己的处境。

两位老人听完了张平的叙述，很快地就笑出了声。原来他们年轻的时候，也开过饭店。在那个晴朗的上午，两位老人向张平传授了很多生意经，这些都是张平目前急需知道的。对于老人的指点，张平心怀感激。他告别了两位老人，立刻回去打理。经过实践，果然收到了很好的成效。现在他的生意越来越红火了。

如果没有遇到两位老人，没有与老人谈心，没有老人的指点，张平的饭店或许早就关门了，但没准儿还有下一条路可走，就是利用更多的时间和金钱来买经营之道。

以上的实例充分说明，贵人可以让我们少走弯路，减少挫折，是我们成功道路上的良师益友，是加速事业成功的助推器。

需要指出的一点是，在没有遇到贵人之前，我们要努力地完善自己。平常注重品德的培养，尽可能多地存储知识、提高技能。因为机遇总是光顾那些有准备的人，有了足够的准备，才能在遇到贵人时从容地面对。

5.贵人是加快实现价值的福星

贵人是一种无形的力量,是一个人想要获取成功的桥梁。成功最快捷的方法之一是赢得贵人的支持。

刘女士在一家化妆品公司从事销售工作。她对待工作一直都很努力,但在考核业绩时,成绩平平。刘女士很想有一番作为。

刘女士有一个很好的朋友,她叫李霞。曾经在一起工作过,两人的关系好得没法说。刘女士从李霞那里了解到,自己的一个大客户现在光顾李霞的化妆品公司了。刘女士了解后才明白,李霞的化妆品公司虽然是新开的品牌店,但客户光顾多、业绩好,完全是品牌和服务意识取得的优势。而且她听说,这家公司在一个繁华地段又要开一家分店,目前正招兵买马。刘女士想跳槽到这家公司,她想拜托李霞帮忙,只是担心自己能否通过面试。

李霞知道刘女士的想法后,对她说:"我办事,你放心。你就等好消息吧。"过了两天李霞通知刘女士说:"我们公司的领导说,既然是你的朋友还面什么试啊,让她明天直接来上班吧。"在朋友的帮助下,刘女士很顺利地找到了自己中意的工作。

在新的环境里,刘女士干得很出色,业绩直线上升,赢得了公司领导的称赞,她对自己也很满意。

刘女士是幸运的,她的职场经历证明了一个道理:贵人可以加快我们成功的步伐。现代社会已经没有永恒的"铁饭碗"了,能进入一个大公司已经很不错了。虽然这样说,但前进的道路上总会遭遇坎坷不平,如果有了贵人的相助就能有效地缩短我们与成功的距离。因此,贵人是助我们成功的"催化剂"。

第二章 实现自我价值需要贵人

在人生的道路上我们会遇到各种各样的贵人，只要让我们遇到贵人，那说明我们就拥有机遇。因此，那些拥有满腔热情的年轻人，你们还在怀疑什么，等待什么，赶快用自己的行动和努力来吸引贵人吧，他会给你力量，帮助你获取更快的成功。

另外，在事业前进的道路上，还要抓住影响你决断的贵人，这样你的事业才能畅行无阻。

从一个钱庄的小伙计，到显赫一时的红顶商人，胡雪岩可谓19世纪七八十年代中国最著名的商人。他之所以能在有限的时间里创造辉煌，原因很多，其中善于依靠朝廷权贵的势力拓展自己的事业是不容忽视的一个重要因素。

据说，胡雪岩家境贫寒，从小，他不得不出来做工，在亲戚的推荐下进入钱庄当学徒，并凭借自己的踏实和努力成为钱庄的正式伙计。

在钱庄工作的日子里，受环境的影响，胡雪岩养成了厚道做人、机灵做事的习惯，处处留心成功的机会。胡雪岩曾与王有龄交好，并在后者手头拮据的时候慷慨资助五百两银子，使得王有龄有足够的盘缠进京为官。王有龄发迹后，想起当年胡雪岩的慷慨相助，于是依靠自己为官的权力资助胡雪岩开钱庄，开始了官商运作的联盟。王有龄的官职越升越高，胡雪岩的生意也越做越大。

与官共事让胡雪岩看到了更大的利益。除了与王有龄合作经营朝廷漕运业务，他还千方百计与军界搭上了钩，胡雪岩的钱庄因此存了大量的募兵经费，几乎掌握了浙江一半以上的战时财政。

第二次鸦片战争期间，王有龄因丧失城池而自缢身亡，左宗棠继任浙江巡抚。当时，浙江粮食短缺，饿死及战死者众多。急于寻

找新靠山的胡雪岩瞅准了时机，为左宗棠雪中送炭，在三天之内筹齐十万石粮食，从而让左宗棠对他刮目相看。从此，胡雪岩被左宗棠委以重任，并在左宗棠的庇佑下开始了亦官亦商的官商生涯。

洋务运动期间，曾国藩、左宗棠等人虽认识到西方先进科技的重要性，但碍于特殊的身份不便与外国人打交道。胡雪岩又找到致富的机会，在洋务派的支持下以亦官亦商的身份经常来往于宁波、上海等通商口岸间，帮助洋务派引进先进机器，当然，更重要的是借机为自己的事业谋利。

胡雪岩在发财的同时也不忘做慈善活动，如开设粥厂、修复名寺古刹、向官绅大户"劝捐"以解决战后财政危机、为左宗棠筹粮械及借洋款，等等，此举赢得了朝野上下的普遍赞扬，胡雪岩的名声因此更大、更响，发的财也更多了。据说，自清军攻取浙江后，大大小小的官员掠夺之物悉数存于胡雪岩的钱庄中，成为胡雪岩扩大贸易事业的资本。他的事业从此如日中天，短短几年，胡雪岩的财产翻了数倍。

胡雪岩经商的秘诀，就在于奔走于官场和商场之间，在世事变化中抓住商机，背靠官府这个贵人，从而更快地实现了自己的人生价值。

贵人是成功人士的福星，各行各业的人的事业发展都离不开他们的帮助。因此，要想成为成功者，必须牢牢抓住你的事业福星。

6．爆发力强的千里马，更需要贵人的扶持

斯坦福研究所发表的一份调查报告指出，一个人所赚的钱，大约有12．5%来自知识，有87．5%来自人际关系。在行为研究领域里也有相关的数据显

示,成功的20%来自智商,80%来自其他因素,主要是情感智能。这两组数据报告都显示出了贵人在成功中占有举足轻重的地位。

在短短几年的奋斗中,台北益登科技脱颖而出,迅速成为了台湾地区第二大IC渠道商,在总经理曾禹旖的带领下,创造了6年内打拼出一家市值逾80亿新台币公司的奇迹。曾禹旖的好友吴宪长表示了自己的看法,不管是论经验还是比能力,曾禹旖都算不上拔尖,但他拥有很多人都比不上的人脉资源,善于和朋友合作,互惠互利,他的这种做法让财运不得不光顾他。当然,曾禹旖也有一套属于自己的成功方法,他说:"从二十岁到三十岁时,一个人需要靠专业和体力赚钱,三十岁到四十岁时要靠朋友和关系赚钱,而到了四十岁到五十岁时,就要学会以钱赚钱。"一个人赚不完所有的钱,要学会与朋友一起赚钱。同时对于相关的信息、金钱利益要懂得分享,这样才能赚取更多的钱。

在职场中,每个人的受教育程度都相差不大,因此多数员工的工作能力也都差不多,但在工作几年后,会出现一个分水岭,有的同事能升职为主管、经理,有的员工则在原地继续踏步,这是什么原因造成的呢?

通过总结我们可以作出结论,其实,千里马和普通人相比没有太大的差别,他们成功的原因无非比常人多出了人脉的竞争力,这种能力对他们的工作非常有利,对内可以服众,对外则可以取得客户的信任,这也是他们获得公司领导好感、从而崭露头角的真正原因。在大多数人的眼里,他们会觉得只有业务员、记者等行业才注重培养人脉,因为人脉是他们赚钱的首要工具,也是赚取金钱的必然通道。事实上,在各个行业中,人脉竞争力都是很重要的必修课。这也是告诉人们,除了学习好专业知识,还应该重视人脉的价值。只有拥有这些,你的成功之路才会更加顺畅。

不要放跑你的贵人

在职业生涯中，其实，人脉就是你的伯乐，你就是众人眼里的千里马。在拥有过硬的专业技能时，伯乐能让你在工作中比别人更快地获取有用的信息，这也能为你带来优势。同样，若你的人生处于十字路口，众多的伯乐也会在关键时刻帮你指点迷津，化解人生中的不利因素。

再能的能人，在他的背后也有很多的帮手。帮手能帮你稳定根基，爆发力强的千里马更需要贵人的双臂来扶持。

沃伦·巴菲特是全球著名的投资商，由他主持的投资，有28年成绩跑赢标准普尔500指数。他在2008年的《福布斯》排行榜上财富超过比尔·盖茨，成为世界首富。

在大多数人的眼里，巴菲特应该是人中龙凤了。但是，沃伦·巴菲特大儿子的眼睛是雪亮的，他说："我爸爸是我所知道的'第二个最聪明的人'。"那谁会是第一聪明的人呢？他答出了查理·芒格。巴菲特说："查理·芒格就是我一生的贵人。查理把我推向了另一个方向，这是他思想的力量，他拓展了我的视野。"查理·芒格既是巴菲特的合伙人也是挚友，他担任着伯克希尔·哈撒韦公司的董事会副主席。巴菲特对查理·芒格非常信任："一旦我出现任何不测，查理·芒格将马上执掌伯克希尔公司的帅印。"

查理·芒格毕业于哈佛大学法学院，随后直接进入加州法律界当了一名律师，并开始投资证券，联合朋友和客户进行商业活动。在经历一次成功买断后，芒格意识到收购高资质企业的巨大获利空间："一家资质良好的企业与一家苟延残喘的企业的区别在于，前者一个接一个地轻松做出决定，后者则每每遭遇痛苦抉择。"芒格有独特的商业意识，在他投资房地产时，因为看好"自治社区工程"的项目，从而赚取了人生中的第一桶金：一百万美元。

巴菲特在29岁时认识了芒格，当时芒格34岁。在此之前，芒格借助他在其他领域取得的经验和技巧,在房地产开发与建筑事业上屡有收获,而巴菲特筹措的巴菲特合伙基金一直是独家经营。两人一见如故并惺惺相惜。"查理把我推向了另一个方向,而不是像格雷厄姆那样很保守,只建议购买便宜货,是他拓展了我的视野。"格雷厄姆是巴菲特的老师,他拒绝对公司进行主观的分析。而巴菲特在芒格那里学到了更深一层的投资学,这种投资学的本质是对于事业的投资方面,应该把视野放得更广阔一点。

芒格与巴菲特是一对完美的合作对象,他们有共同的价值取向。芒格说:"我们都讨厌那种不假思索的承诺,我们需要时间坐下来认真思考,阅读相关资料,这一点与这个行当中的大多数人不同。"事实上,这样的投资行为也给他们带来了可观的回报。

芒格融会贯通,他将商业法律的视角带到了投资这一金融领域,他懂得内在规律,能比常人更迅速准确地分析和评价任何一桩投资买卖。对于巴菲特来说,芒格是一个完美的合作者。一位合伙人感叹说:"沃伦的长处是说'不',而查理比他做得更好。沃伦把芒格当做最后的投资拍板人。"

巴菲特与芒格的合作,开创了有史以来最优秀的投资纪录,他们先后购买了联合棉花商店、伊利诺伊国民银行、茜氏糖果公司、维科斯金融公司、《布法罗新闻晚报》,投资于《华盛顿邮报》,并创立了新美国基金。芒格此后也成为蓝带印花公司的主席,并于1978年正式担任伯克希尔·哈撒韦公司的董事会副主席至今。

巴菲特与芒格的合作促进了彼此的双赢。他们在合作的过程中形成互补,在互补的过程中,实现了一次又一次的投资价值。

7. 贵人是事业成功的支点

无论你是谁，想成就一番事业都少不了贵人的扶持。要知道，社会是由一张关系网组成的，每个人都是一个具体的网点，怎么连接好周围的网点，就需要贵人的出场，贵人可以帮你连接好散布在你周围的小网点。若没有贵人的帮助，你的关系就会失去依靠，你的前程也会步履维艰。

贵人能赐予人们不可多得的机遇，这些都不能用聪明、努力来替代它。在成就事业的路上，如果没有贵人，我们的路将走得很艰难而辛苦。所以，要有意识地寻找贵人、依附贵人，这是我们成就大事的重中之重。

古往今来的成功人士，在他们奋斗的过程中，都不曾少过贵人的支持，正是因为获得了贵人的支持，才化解了事业中的危机，并且缩短了创业的时间，到达了事业的巅峰。同时，我们也看到许多事业有成的人身边因为缺少贵人相助，一旦遇到危机，就眼睁睁地看着昔日建立起来的事业付诸东流。可以想象，没有贵人相助我们的人生是多么的不堪一击。

那么，在哪里才能找到我们的贵人呢？物以类聚，人以群分。贵人的分散环境很广阔；再广阔，只要我们留意他们的活动痕迹就能找到一些蛛丝马迹。因为贵人是有自己的生活圈子的，当你了解了贵人的行迹，就可以进行下一步的计划，即与他们结友，进入他们的生活。

有时，成功的道路需要我们一步一步实践，若在实践的基础上追寻贵人的身影，往往可以在事业上取得事半功倍的效果。李嘉诚曾经说过："人生最大的机遇，就是遇到贵人。贵人就是你的人际关系。当你开始奋斗时，贵人是帮你准备行囊的人；当你遭受风雨时，贵人是你避雨的港湾；当你快要靠近成功时，贵人是最后推你一把的人。"

如果你想要成为强人，最好快捷的方法是站在强人的肩膀上眺望远处。倘若你很幸运，有贵人直接为你出力，那么你已经拥有了最宝贵的财富，你也已经找到了事业成功的支点，可以担当事业的大任了。

显然，你拥有了关系网，还需要运用好你的关系网。因为人生有太多的无奈，遇到无奈的人生是顺其自然地发展还是接受挑战，不同的人会有不同的应对策略，下面我们一起来看司马睿是怎样发展自己的事业的，他有没有贵人相助呢？

司马睿是司马懿的曾孙，15岁时就袭封琅琊王，八王之乱后期依附于东海王司马越。与那些正宗皇室亲王相比，琅琊王司马睿虽属西晋皇族，但他的祖父司马伷只是司马懿小妾所生，为庶出之子，地位卑微。因此，在司马睿一无家族名望，二无兵权的境况下，他只能在皇亲宗室的纷争中力求自保，从来没想过要做皇帝。

王导是晋朝时期琅琊地区名门望族，是王氏家族的第十代子孙。他从小就很聪慧，学识出众，并且很有胆识。成年后的王导先后在司空刘寔处任东阁祭酒、秘书郎、太子舍人等职。八王之乱时，王导又在东海王司马越处担任军事参谋。王导品行高洁，看不惯长安的奢靡之风，于是辗转去了洛阳，并在此结识了琅琊王司马睿。王导气质高雅、谈吐不俗，给司马睿留下深刻的印象。两人一见如故，都有相见恨晚之感。从此，两人在人生的道路上结伴而行。

公元311年发生了永嘉之乱，中原政局混乱。司马睿听取王导的主张，将自己的领地移到了建康，司马睿被西晋朝廷任命为安东将军，都督扬州诸军事。刚到江南，根基不稳，江南的士族们都瞧不起琅琊王。而士族是支撑晋王朝的中心力量，若得不到他们的支持，司马睿很难在此站住脚跟。为此，也给司马睿增加了不少的烦恼。幸好，他的好友王导为他出谋划策。王导说："三月三上巳节这天是个不错的日子，我与王敦兄弟陪伴你去观赏江南的百姓

第二章 实现自我价值需要贵人

过节,给百姓实施恩惠,即可搞定江南的士族。"果然在王导的策划下,百姓们非常感谢司马睿,而江南的头等名门望族顾荣、贺循等人见百姓和王氏兄弟如此拥戴司马睿,他们也到路边拜见了司马睿。司马睿深谋远略,即刻招他们为官。随后,江南士族纷纷效仿,都在司马睿的手下做了官。通过这个计谋,司马睿在江南有了立足之地。王导一边帮司马睿广纳贤才,一边为复兴国家做准备。

终于,在西晋灭亡后,司马睿凭着江南士族的拥戴,在江南建立了东晋。司马睿登基那天,他心情愉悦,与王导畅所欲言,还邀请王导和自己一同坐龙床,大臣们先是惊愕后又称赞,后来,他们赢得了"王马共天下"的美誉。

虽然这样,但王导深知自己的身份,他恪尽职守做好一个丞相的分内之事。建国初期,他看到了国库空虚,便提议勤俭节约,有效地遏制了西晋以来的奢侈之风。在王导的忠心辅佐下,东晋的统治日渐巩固,司马睿将王导视为他的"萧何"。王导不仅受到司马睿的信任,也受群臣的敬重和百姓的爱戴。可以说,东晋政权的有效巩固,有一多半的功劳归属于王导。司马睿也正是有了王导的辅佐和支持,才能成功地一步步走向历史的前沿,开辟新王朝成为东晋君主。

事实上,人越是处在人生的低谷,就越需要贵人的扶持。虽然司马睿与其他王爷相比身份并不高贵,能力也不突出,但他性格沉稳,谦虚待人。所以,他在遇到王导时,能够充分抓住这个贵人,这是司马睿的造化,也是他的命中注定。

每个人的生活之路都不会太平坦,生活有时是平淡的,有时是起伏不断的。我们知晓的周星驰所扮演的苏灿就是一个很典型很另类的人物。

周星驰饰演的影片《武状元苏乞儿》里的苏灿,最潦倒的时候便是衣不蔽体,食不果腹,即便这样,他还要忍受敌人的侮辱和同行的冷嘲热讽。昔日骄傲的武状元,如今沦落到这等地步,观众看后莫不心酸。如果没有当武状元时的嚣张,从一开始就是一个乞丐,观众可能还不会那么同情他。也正是这前后大喜大悲的对比,让人们觉得他的人生还应该再崛起。终于因为昔日结下的善缘,给苏灿带来了一个贵人,在这个贵人的帮助下,他又回到了正常的生活轨道。整个过程,观众们为苏灿捏了一把冷汗。

中国有着独特的文化背景,从古至今都会对弱者产生一种怜爱。怜爱也就是人们常说的同情,不管他以前多么富贵,一旦沦为弱者,昔日人们对他的怨恨就会很快消失。

如果你是弱者,可你没有丢弃自己的信念,精神上没有委靡不振。只要这样坚持下去,总有一天,贵人会来到你的身边,帮你改变人生的轨迹。

8. 贵人会给"成就大事"的人一个机会

什么样的人能成就大事呢?这样的人应该有着怎样的智慧?他是怎样发挥自己的才智的呢?让我们来看一个历史故事,它会为你揭开真相。

范雎,战国时的魏人,中国古代十大谋略家之一,是他用反间计除掉了赵国名将廉颇。范雎深得秦昭王的赏识,秦昭王为了获得这个人才,屈尊下跪了五次,最终获得了范雎的相助。

当初,雄心勃勃的秦昭王,一心想要一统天下,他开始广纳人才,当他得知范雎熟知兵法、深谋远虑时,便驱车前去拜访。见到

范雎后,他屏退了左右,向范雎下跪道:"我想求教于先生。"范雎欲言又止,最终没说什么。于是,秦昭王又恭敬地第二次下跪,态度比之前更虔诚,范雎仍没说什么。秦昭王再次下跪,说道:"先生难道真的不想教导我吗?"居高临下的君王三次下跪,终于感动了范雎,他终于肯对秦昭王说话了。范雎说出了自己不肯出山的顾虑。秦昭王接着又下跪,说:"先生不要担心什么,也不要怀疑我的心意,我是真诚地邀请你前往。"范雎还是有些怀疑,他试探秦昭王说:"大王你的计谋也有失败的时候啊。"秦昭王获得这样尖锐的批评时,不但没有发怒,反而再次下跪,说:"我愿意听从先生的教诲。"秦昭王态度恭敬、言辞恳切,这些都感染着范雎,于是,他答应出山帮助秦昭王统一六国。

千百年来一直传颂着秦昭王广纳贤才,不惜放下帝王身份五跪得范雎的美誉,但很少有人知道秦昭王下跪的缘由。秦昭王凭什么给范雎下跪?主要因为范雎是个人才,是可以帮助他一统六国的贵人,所以,秦昭王不愿错过他。秦国统一天下不光是秦始皇的功绩,除了秦始皇还有来自秦昭王以及贵人范雎的力量等。所以,历史的前进也不是靠一个人的智慧,它是集结了众多智慧推动的结果。

由此可见,要想成就大事,不仅要培养自身的能力,还要懂得谦虚,只有准备充分的人,才会获得贵人的扶持,并最终有所成就。有时候,借助名人的名气,或拉名人入伙都能带来很好的财富效应。

河南新谊集团的负责人利用故乡人的乡土情结,将河南姑娘、世界乒坛皇后邓亚萍请到新谊旗下,经过精心策划,为公司的产品"魔力王"口服液做了广告,之后,迎来了一个又一个的事业高峰。

第二章 实现自我价值需要贵人

为了树立好企业形象，新谊集团于1993年3月，在北京为邓亚萍初任故乡新谊集团名誉总经理召开了新闻发布会。邓亚萍在会上发表"就职演说"时说："从现在起，我就是新谊集团的一员了。在今后的比赛中，我要尽力多拿金牌，为祖国争光，为新谊集团争光。"到1993年8月，邓亚萍专用补品"魔力王"口服液新闻发布会在郑州举行，邓亚萍这个名誉总经理也专程从北京赶来出席，并发表了热情洋溢的讲话："我以十分激动的心情，感谢新谊集团把最好的产品'魔力王'口服液作为我的专用补品。球台如战场，'魔力王'使我有充沛的体力，保持了良好的竞技状态。我将把'魔力王'送给我的同行、朋友，让'魔力王'走向全国，走向世界。"

名人邓亚萍的广告效应，使新谊集团在1994年短短一年时间里，创年产值10多亿元人民币，这次的年产值开创了以往业绩的新高。

一般的人都会觉得名人的生活环境与普通人大不一样，所以，与名人有关的事物一定是不一般的。出于这种心理反应，人们便纷纷追逐、效仿名人，所以，与名人沾边的东西也就容易成为抢手的东西，容易流行或者成为时尚。因此，名人的"金口"，对你的企业评价具有非同凡响的影响力，只要你巧妙借力，那么你企业的产品就会很畅销，这样，不仅增加了企业的知名度，还增加了企业的财富值。

除此之外，成就大事的人还需要贵人给予机会。怎么获得贵人的机会呢？就需要你成为敬业的人，敬业能让贵人看到你的潜质，只有吸引他们的眼光，才能获得他们的帮助。

海因茨·尼克斯道夫是联邦德国电脑产业的先驱，德国计算机的市场霸主。经过30年的努力，他将自己的公司发展成为德国最

不要放跑你的贵人

大的电脑制造集团,也是欧洲最大的电脑制造企业之一。尼克斯道夫成功的路上,曾有三个贵人帮助了他的事业,一个是施普里克博士,一个是企业家吕金,还有一个是他结交多年的老朋友。三个贵人之所以会出手相助,主要是因为海因茨·尼克斯道夫十分敬业。

在尼克斯道夫5岁的时候,世界性经济危机爆发,到了1932年德国失业人数达600万,他的父亲也就在这次经济危机中失业了。从此以后,尼克斯道夫与他的4个弟弟妹妹开始体会到穷人家庭的窘状。作为家中最大的孩子,他要为父母分担家庭负担。于是他到雷明顿·兰德公司的德国子公司从事兼职工作。

之所以选择这家公司,主要原因是尼克斯道夫对当时刚刚兴起的电子学非常感兴趣。他一面兼职打工,一面上学攻读应用物理专业。兰德公司的德国子公司当时主要生产卡片穿孔机等办公室用品。为了提高效率,公司研制部主任、物理学家瓦尔特·施普里克博士牵头,准备研制一台生产用的电子计算机。为此,施普里克迫切需要两名助手协助他的开发研制工作。公司贴出通告向社会招聘助手,尼克斯道夫有幸被聘为施普里克博士的助手。没过多久,兰德德国公司的研究项目停了下来,但尼克斯道夫对计算机的兴趣却有增无减,他对计算机的研制入了迷。眼看着一项尖端科技研究就这样半途而废,尼克斯道夫心里十分难过。难过之余,在他的脑海里冒出了一个大胆的想法,为何不自己创业呢?

尼克斯道夫开始着手准备,为了使成功的把握更大些,尼克斯道夫想邀施普里克博士一起出来合伙创业。他对施普里克说:"博士,咱们自己来研制计算机吧!"施普里克博士是计算机方面的行家,但思想却有点趋于保守。他明确表示不愿意出来冒这种风险。作为兰德德国公司的研制部主任,他有较高的薪水,不可能随便出来冒险。但他答应尼克斯道夫:"我一定会全力帮助你,尤其是在

40

技术上。"

物理学家施普里克是一个令人尊敬的人，他信守承诺，将自己的计算机专利送给了尼克斯道夫。尼克斯道夫对他慷慨的帮助十分感激。有了施普里克做技术后盾，尼克斯道夫决定冒一番风险，他打算单枪匹马来实现自己的梦想。于是在1952年7月，他在埃森注册了他的"脉冲技术实验所"。接着是找投资人。为了找开发经费，尼克斯道夫四处奔波。他的不懈努力，终于打动了威斯特伐利亚电厂的企业家吕金。吕金说："您很敬业，找了我这么多次就可以证明。我要设法使您能为我们制造出所设想的那种计算机。"

吕金先给了尼克斯道夫5000马克的研制费。有了这笔钱，尼克斯道夫马上找来几名助手，夜以继日地工作。但开发计算机不是件简单的事，5000马克用完了，还没有实现目标。电厂的董事会不愿意再投资，吕金对此爱莫能助，研制工作再次陷入困境之中。为了让研制工作顺利进行，尼克斯道夫又去找人资助，他的一个老朋友见他这么执著于事业，于是借给他1万马克。这1万马克犹如雪中送炭，帮了大忙，使开发研制工作获得恢复，并且有了新的进展。

在尼克斯道夫和施普里克共同努力下，他们找到了解决技术难题的办法，这个办法能使他们研制的计算机进行各种各样的运算。

经过努力，到了1954年，尼克斯道夫向市场推出了第一台电子计算机。市场销路逐渐打开，他的实验室站稳了脚跟。两年后，他把脉冲技术实验所从埃森迁回家乡帕德博恩。到1968年4月，尼克斯道夫收购了万德勒公司。这一年度，他公司的营业额达到1.05亿马克，成为德国最大的计算机集团。到了1973年，尼克斯道夫公司的营业额增长了将近4倍，高达4.97亿马克。1986年3月17日，61岁的尼克斯道夫病逝，临死之前，他还很感激曾经帮助过他的贵人。

尼克斯道夫的敬业精神，使他赢得了贵人相助，也是敬业使他的事业达到了辉煌的巅峰。

9．实现理想，需要贵人

成功可以有很多种方法，这些方法因人而异。无论你运用哪一种方法都少不了贵人的协助。利用好贵人，可以给成功者带来福音。贵人可以帮你清除成功道路上的障碍，许多干大事业的人都是在贵人的帮助下才实现了自己的理想。

通用电气公司前总裁杰克·韦尔奇被《财富》杂志称为20世纪最佳经理人。杰克·韦尔奇是一个智慧又幸运的商业英才。他为人处世精明干练。在他的商业旅途中，有很多贵人相助。他自己也将他的事业成功归功于他遇到的每一个贵人。韦尔奇说："不管我身处何地，总会遇到我的贵人。"如果不是贵人相助，也许杰克·韦尔奇的一生都会很平淡。

当韦尔奇刚到通用电气公司时，通用电气公司有很多地方都不够完善，在工作中感觉不到大公司的处事风范。公司对于员工的薪水非常小气，这一点使韦尔奇的心里产生了不平衡。

过了不久，韦尔奇就递上了辞职信，辞职的原因是不愿因为薪资问题而烦恼。就在这时，幸运之神出现了，他就是韦尔奇的上司鲁本·贾多福。聪明智慧的鲁本·贾多福非常看好韦尔奇，他邀请韦尔奇共进晚餐，并再三挽留他。贾多福承诺提高韦尔奇的工资，还对他直率的辞职言辞表示赞赏。贾多福的真诚让韦尔奇大受感动，他准备留下来继续工作，也因为这次的留下，创造了后来的辉煌。

第二章 实现自我价值需要贵人

1963年，韦尔奇在做一个化学实验时，因为不小心酿成了一次事故。这次事故差点儿炸掉了整栋车间大楼。也是这次意外事故给通用电气公司造成了一次震荡和危机，同事们纷纷指责韦尔奇的过错，公司的大多领导也对此愤愤不平。韦尔奇的心也是久久不能平静，他等待着领导的批评和停职处理。这件事情到了产品事业部的主管查尔斯·李德那里时出现了转机。这位化工专家不仅没有痛骂他，反而以理性的态度替他出面平息了危机。在李德的帮助下，韦尔奇顺利渡过了这个难关。韦尔奇也从心底感谢这位领导，他从李德身上看到了一名优秀领导者应有的气质和风度。

与前两位贵人的重量相比，通用电气前副董事长赫姆·魏斯更是韦尔奇事业中的重要贵人。魏斯与韦尔奇既是上下级，又是生活中的朋友，他们几乎无话不谈。韦尔奇性格耿直，跟高层之间的沟通有时会弄得很僵，魏斯则努力促成韦尔奇和通用电气高层之间和谐沟通。魏斯经常向当时的董事长瑞吉纳·琼斯推荐韦尔奇，称赞他是"通用电气里真正有前途的人"。

在韦尔奇的事业发展中，出现了一个又一个的贵人帮助，这些贵人都让韦尔奇获得了成长，也使韦尔奇成为一名优秀的管理者。在他领导通用电气的20年中，公司的经营一直呈现增长的态势，据了解，当时的通用电气股价涨了30倍。

如果没有获得上述贵人的及时帮助，韦尔奇会有后来的成就吗？答案是否定的。因此，在我们的人生中，若有幸遇到贵人，我们应好好地抓住他们，并且与他们一起学习，一起成长，如能这样，相信我们距离成功不会太遥远。

当然，不仅仅是像杰克·韦尔奇这样的商业奇才会遇上贵人，只要我们善于发现，对生活及事业抱有希望，那么平凡的人、困苦的人，同样可以因

不要放跑你的贵人

为贵人的帮助而将事业做得风生水起。

约翰·富勒的父亲是路易斯安纳州的黑人佃户,家中有7个兄弟姐妹。因为家庭成员多,因此,他们的生活既艰苦又贫穷。富勒从5岁就开始工作,9岁就会赶骡子。

但这个贫穷的家庭中却有一位不平凡的母亲。她有着乐观的生活态度,始终相信一家人应该过着快乐而且衣食无忧的生活。这位母亲经常向富勒和家里的其他孩子灌输自己的思想。她说:"我们本不应该这么穷,贫穷不是上帝的旨意,富裕的生活需要我们一起去追求。"

母亲的一番话,直接影响到富勒的创业之路。富勒觉得销售东西是改变现状的致富捷径。于是,他批了一箱肥皂去挨家挨户推销。这样一直坚持了12年,终于,在一次偶然的机会中,有一家供货公司将要拍卖,底价是15万美元。对于富勒来说,这是个不错的机会,如果买下这个公司,他的事业就能往更远的方向发展。最终,富勒用2.5万美元作为订金,并承诺在10天内筹足余款。合约还规定,若逾时未能补齐余款,将没收所有的订金。

现实和富勒开了一个玩笑,在赋予他机会的同时,也赋予他了难题。余款12.5万美元不是一个小数目,他每天都在想:"上哪儿能弄到这些钱呢?"富勒开始寻求亲友的支持,但是亲友都是穷人,对他的帮助都很有限。就在他万般无奈之际,母亲语重心长地说道:"闯荡江湖这么多年,实在不行就去求助你的客户吧,没准他们能够帮你。"

听了母亲的话,富勒的身体里顿时有了力量,他想了想,是呀,他们还可以帮助我!随后,富勒真诚地向朋友、熟人、投资集团等地方借钱,最后凑到了10万美元。还差一点儿该怎么办?到了第10天晚上，富勒又筹到了1.5万美元，还差1万美元。"还有什么方法呢？"富勒苦苦地思索着。快没时间了，到了最后时刻，富勒决定开车沿着芝加哥第61街走下去，他在心里祈祷着上帝的帮助。当时已是深夜11点，车子驶过了几个路口，富勒高兴地发现，有一家承包商的办公室里还亮着灯。富勒停下了车，走进了屋子，眼前的承包商正埋头办公，由于熬夜加班他已经很累了。富勒和他是熟人，他轻轻地走到承包商的身边说："朋友，还在忙呀？"这个人点了点头。富勒接着问："我想借1万美元，可以吗？"富勒直截了当地问。那位承包商回答道："好，谈谈你想干什么。"

"借我1万美元，我会外加1000美元红利还给你。"富勒详细地告诉了那位承包商他的整个投资计划，并表明自己急需用钱。承包商了解了富勒的投资计划后，愿意帮助富勒实现创业计划，他将关键的1万美元借给了富勒。

富勒通过自己的努力和贵人的帮助，打开了自己的财富之路。拿下供货公司后，富勒的事业开始直线上升，财富越积越多，后来，他又连续收购了5家公司，其中包括2家化妆品公司、2家标签公司和1家报社。

贵人的帮助使我们脱离贫困，实现财富价值。他们为我们的创业之路迎来了曙光。如果没有贵人出手相助，我们的创业之路也许会面临更多的考验，人生的价值也不一定会实现了。

第三章　怎样找出你的贵人

1. 留意观察，轻松接近贵人

留意贵人和接近贵人都要讲究方法和策略。好的方法和策略，会使你遇到贵人时坦然处事，增加你的成功概率。相反，事先没有准备而去接近贵人，不仅不容易达到最终的目的，也容易遭到贵人的回绝。

下面我们帮你制定一下接近贵人的策略，让你很轻松地获得贵人的帮助。先看看朱元璋的例子。

大明王朝的开国皇帝朱元璋之所以成功，也是从获得贵人的赏识起步的。

在兵荒马乱民不聊生的元朝末年，出身贫寒的朱元璋，在天灾人祸的动荡时期，生活无依无靠。为了生活，他投身于寺庙，沦落为讨饭的乞丐。然而，朱元璋有着顽强的斗志，他在苦难中成长起来了，他觉得自己的生活需要改变，于是，他奋起反抗，准备谋求出路。

朱元璋分析了一下自己的环境，摆在他面前的只有三条出路：第一条，继续外出逃荒；第二条，留在乡里接着受苦受罪；第三条，参加反元队伍。前两条的风险不大，但由此做下去还是难以摆脱困境的；参军反元的道路是一条全新的出路，但他不能预见自己的前途发展。正当朱元璋左右为难时，他意外地收到了穷朋友汤和的来信，这位朋友小时候和自己一起放过牛。来信内容是建议朱元璋与他一起投身反元革命。信中还说道："今四方兵乱，人无宁居，非田野所能自保之时也，盍从我以自全？"

朋友的信，好比及时雨，顷刻时帮他确定了方向。朱元璋准备投身从军，进行反元事业。他来到濠洲城，守城的红巾军士兵见他衣衫褴褛，误以为是元朝派来的间谍，便将他绑了起来，打算推到城外去处决。朱元璋见形势不对，大声据理相争，他们的争吵吸引了许多人观看，也惊动了统兵元帅郭子兴。郭子兴看朱元璋相貌出奇，身板硬朗，问明情况后，就把朱元璋收为步兵，让他换上士兵的衣服，到队伍中集合了。

郭子兴的这一行为，一下就把朱元璋从乞丐身份提升到士兵身份。朱元璋在郭子兴的培养之下，很快就在军中立足，这也给他提供了建功立业的机会。

初到军队的朱元璋，因为人生地不熟，没有后台背景，将士们对他更是一无所知，获得赏识、重用的事自是难上加难。但他并不气馁，为了争取获得更多的重视，朱元璋开始努力地表现。他明白一个道理，只有表现出色，才能获得领袖的重视和提拔。

在训练方面，朱元璋表现得非常出色，不仅能够完成训练任务，而且还表现出进取的精神。对于这些，郭子兴都看在眼里，记在心上，渐渐地，郭子兴把目光转向朱元璋，他觉得朱元璋是一个可造之材，稍加培养，就能大有作为。

为了进一步了解朱元璋的能力，每次出兵打仗，郭子兴都会把朱元璋带在身边，以考察朱元璋在战场上的能力。朱元璋果然不负所望，战场上的表现尤为出色。郭子兴爱才、惜才、需才，他发现自己招到了一个青年才俊，心里欣喜不已，在以后的战斗中，对朱元璋更是关爱有加。

作为郭子兴的护卫亲兵,朱元璋更是英勇善战,他奋力保护主帅的安全。他把队伍当做自己的家,将长官当做自己的父母,浴血奋战不辞辛苦,在郭子兴的带领下,他驰骋沙场,建立了卓越的功勋。

经过短期磨炼,郭子兴就把朱元璋引为心腹,提升他为九夫长。以前,朱元璋游历过很多地方,所以不管遇到什么事,郭子兴都会找聪明智慧、处事很有见识的朱元璋商议。朱元璋慢慢地成了军中必不可少的大将,他的能力也在无形中得以提升和展示。

郭子兴不仅把朱元璋升为自己的心腹,还把他自己的女儿嫁给了他,教他带兵打仗。在郭子兴的军队中,朱元璋由一个不会打仗的乞丐成长为一代将帅。郭子兴死后,他又训练士兵,把具有强大力量的张士诚、陈友谅打败,最后,统一了中原,建立了大明王朝。这些功劳,都源于郭子兴对他的重视和栽培。倘若没有贵人郭子兴的重视,也就不会有朱元璋的江山。

事业的成功开始于贵人的重视,所以要珍惜和尊重身边的贵人。一个知道感恩贵人的人,是一个能够不断取得成功的人。

事实上,在人际交往中,关心对方比引起对方的注意更重要。在社会上有太多人为了引起别人的注意,花费了太多的时间,但并没有获得想要的结果,既然如此,不如学会下面两种做法。

第一,微笑胜过语言。

当你微笑时,能表示很多层意思,比如有"我很喜欢你,见到你心里很高兴"。真诚的微笑是由心底深处发出的笑,这种笑可以温暖对方的心,使关系变得融洽。

1919年,美国旅馆大王希尔顿用父亲留给他的12 000美元以及自己挣来的几千美元进行投资，他开了一家旅馆，从此开始了经营旅馆的职业生涯。经过他得当的管理，他的资产奇迹般地增值到几千万美元，他很欣喜也很开心，希尔顿把这惊人的收入告诉了自己的母亲。没想到母亲淡然地对他说："虽然你获得了一点收入，但在我看来，你和以前根本没有什么两样。事实上，你应该办一些比5100万美元更值钱的事情。除了对顾客真诚，还需要想办法使来希尔顿旅馆的人这次住了下次还想住，你要想出一种既简单易行而又不花本钱的办法去吸引顾客。这种方法才能使你的事业更有前途。"

听了母亲的话，希尔顿开始了这方面的探索，他一直在寻找"简单易行而又不花本钱的方法"，最后他找到了，这就是我们耳熟能详的"微笑服务"。运用这个经营策略使希尔顿的旅馆营业额大增，每天都有不错的生意。他每天都对服务员说："你对顾客微笑了没有？"即便遇到最不景气的淡季时期，他也不忘提醒员工记住微笑。在他们度过了最艰难的淡季时期后，又一次迎来了希尔顿旅馆业的景气时期，旅店几乎每天爆满，营业额的收入再次增长。

旅馆事业如此，其他的行业也具有同样的道理。生活中遇到的一切烦恼，都可以用微笑这剂良药进行化解。因此，无论你遇到多么严重的困境，你都可以用微笑去面对它们，当困境遇到魔力般的笑容时，它会拜倒在微笑的威力之下。

第二，记住别人的名字。

吉姆·弗雷德是个苦命的孩子，从小家境贫困。在他刚满10岁的时候父亲就早早地离开了人世，身后留下身体单薄的妻子和年幼的弗雷德。

　　父亲走后，吉姆的家庭变得更加的贫穷。然而，无论生活多么贫困、环境多么艰难，弗雷德和他的母亲都从来没有放弃对生活的希望。尤其是弗雷德，凡是认识他的人几乎都会被他积极乐观的精神所感染。岁月如梭，转眼之间弗雷德有了自己的成功事业。这一点让很多人感到惊讶：小时候家境过于贫困而无钱读书的弗雷德，按理来说，学历是极其有限的。然而，他却拥有了一番属于自己的事业。

　　事实上，他刚刚念完小学就被迫干起了临时工。可是在他46岁的时候却担任了国家邮政部长的职位，在他年近五十的时候被美国的四所名牌大学授予荣誉学位，甚至罗斯福成功入主白宫，也得益于他的倾力帮助。

　　吉姆·弗雷德作为一个既没有显赫的家境，又没有高深的学历的人，那他究竟是靠什么取得成功的？几乎所有人都会带有这个疑问。带着这个倍受众人关注的疑问，一位年轻的记者叩开了弗雷德先生办公室的大门。弗雷德本人也十分健谈，基于这一点，年轻的记者很快便向弗雷德本人提出了自己一直以来想了解的问题。他掩饰不住内心的激动，拿着采访笔记对弗雷德先生说："弗雷德先生，我受很多年轻人的委托前来向您询问一件事情，不知道您是否愿意告诉我们真正的答案。"听到记者的话，弗雷德发出了爽朗的笑声，他亲切地对记者说："我会尽我所知地回答你提出的每一个问题，不过，在你提问之前，我可能已经对你的问题猜到了八九分。"记者先是感到惊奇，不过，他很快反应过来，对弗雷德说："那您说一说我想问的问题是什么。"

　　弗雷德淡定地说道："你想问我的问题，很可能就是我能够取得今天的成就，其中是不是有什么秘诀。"听到弗雷德如此坦诚地说出了自己心中疑惑很久的问题，年轻的记者突然感到轻松多了。他知道不用自己再问，弗雷德自己就会说出问题的答案。果然被记者猜中了，弗雷德接着就说："辛勤地工作，这就是我成功的秘诀。"记者对这个答案感到非常不满，他几乎想也没想就说："不，这不是我要的答案。我听说您至少能随口说出1万个曾经认识的人的名字，这才是您获得成功的秘诀。"年轻的记者以为弗雷德会赞成自己的观点，并且为自己了解这么多的信息而感到惊讶，没想到弗雷德却说："不，我至少能准确无误地说出5万个人的名字。并且，若干年后再遇见他们时，我依然会叫出他们的名字，我还会问候他们的妻子、儿女，以及聊起与他们工作和政治立场等相关的各种事情。"

记者听到这些，顿时感到惊讶。他不由得问："为什么你能做到这些？你有特殊的记忆能力吗？"弗雷德接着回答道："没有，我只是在认识每一个人的时候，都会把他们的全名记在本子上，并且想办法了解对方的家庭、工作、喜好以及政治立场等，然后把这些东西全部深深地刻在脑海当中；下一次见面时，不论时隔多久，我都会把刻在脑海中的这些信息迅速拿出来。"记者恍然大悟，原来记住别人的名字是弗雷德取得成功的重要因素。

所以，要想取得成功。一定要尽可能多地记住别人的名字，了解别人的爱好以及需要等。这体现的不是技巧，而是对别人最起码的尊重。当你准确地叫出偶尔邂逅的朋友的名字时，不仅会使对方感受尊重，也会加深对你的印象。如此一来，成功也就指日可待了。

美国总统罗斯福是个和善可亲、受人欢迎的人，甚至他的花匠也都非常喜爱他。他是运用了什么魔法让人们都喜欢他呢？原因就是罗斯福能够很清楚地记下别人的名字。罗斯福卸任两年后的一

天,去白宫拜访新总统,碰巧总统和太太都不在,于是他就一个人到处转转,他向碰到的每一个工作人员打招呼,并且礼貌地叫出了他们的名字。在见到厨房的工作人员欧巴桑·亚丽丝时,罗斯福亲切地问她是否还烘制玉米面包,亚丽丝回答他,她有时会为工作人员烘制一些,但是楼上的人都不吃。罗斯福为亚丽丝打抱不平说:"他们的口味太差了,等我见到总统的时候,我会这样告诉他。"亚丽丝端出一块玉米面包给他,罗斯福一边吃一边去办公室,同时在经过园丁和工人的身旁时,还跟他们打招呼。

罗斯福对白宫每一个人还同他以前在的时候一样。工作人员都彼此低语讨论这件事,而一名工作人员则说出了大家的心声:"这是近两年来我们唯一有过的快乐日子,我们中的任何人,都不愿意把这个日子跟一张百元大钞交换。"工作人员这样说是因罗斯福能记住他们的名字,并且如此友好地对待他们,他充分赢得了人们的信任和良好的人缘。

在社会交际中,如果你能准确无误地记住对方的名字,那么你的成功砝码无疑就会增加一个。要知道,准确地叫出别人的名字,能一下子拉近与别人之间的距离,这时双方可以很快进行深入的交谈,亲切感就是从你的言语中流露出来的。叫出对方的名字会给人这样一种印象:你的心中有他,他在你的心中占有一定的地位,是有价值的,是引起别人注意的人。被叫出名字的人有一种心灵的慰藉,有一种满足。他愿意和你交谈,对你有好的印象。

美国总统约翰逊曾经把与人相处的原则写在纸上,放在自己的办公桌里。其中第一条就是熟练地记住别人的名字。他认为如果做不到这一点,就意味着对那个人不太在意,没把他放在心里。

所以,无论在何时,你都要记住你身边的人的姓名,并能轻易地脱口而出，这样你就可以拥有一份不折不扣的好人缘。同时，你应该建立一份自己的交际档案，包括别人给你的名片。别人给你打电话时，在通信录上记下对方的情况，平时，把你所有见过面，并且知道姓名的人的情况整理出来，放在你最容易看到的地方或办公桌上，休息时翻看一下，把熟悉朋友的情况作为一种消遣的方式。这样你的交际空间便一天比一天宽广起来。对那些你经常与之打交道的老朋友的姓名档案，可以清除，接着往里加新的。这样今天的新朋友就成了明天的老朋友。天天都有新朋友，你就可以变成一个拥有大量财富的人了。财富不是朋友，但朋友却是最宝贵的财富。

因此，第一时间说出对方的姓名，能使对方心灵愉悦。你或许有过这样的抱怨："刚见过的一个人，怎么眨眼工夫就忘了他的名字。"其实，并不是你忘了他的名字，而是第一次见面时，你根本没有认真听清对方叫什么，也没有把对方的名字刻意放在心上。

当你结识新朋友时，对方作自我介绍或许会一闪而过，你可以再加上一句："对不起，你能再重复一遍吗？"大多数人可能认为，重复自己的姓名有点尴尬。事实上，他们非常注意自己的名字。如果你珍视他们的名字，你的新朋友也会因为惊奇而对你产生好感。

平常多留意身边的人，要善于发现并找出自己的贵人，这样才有可能获得帮助，从而取得成功。

2．找出贵人需要花点"心思"

凡想成就事业的人都需花费"心思"来寻找自己的贵人。就像机遇与成功一样，贵人也是属于有准备的人的。想要找出贵人，只靠空想是不行的，要开动脑筋，拿出实际行动，这样才能找出贵人。

芝加哥大学的校长哈伯是一位非常智慧的大学校长，他喜欢筹

不要放跑你的贵人

募数额庞大的基金。一次，哈伯先生需要一百万美元建造一座新的建筑，但他自己没有那么多的钱。于是，他列出了一份芝加哥的富翁名单，经过最终的研究，他选中了两个彼此都是仇人的人下手，这两个仇人的身份都是千万富翁。

有一位富翁当时担任芝加哥市区电车公司的总裁。哈伯将拜访时间选在一天中午，在这个时间段，总裁的秘书可能出去用餐。他悠闲自在地走进了总裁的办公室，对方因为他的突然出现感到非常地惊讶。哈伯自我介绍道："我叫哈伯，是芝加哥大学的校长。请原谅我闯进你的办公室，我事先发现外面的办公室没人，于是我只好自己决定，走了进来。"哈伯向总裁讲明了自己的来意。他见总裁没有说话，接着说："与您具有同样身份的另外一位总裁与我打过赌，他说，你是一个非常小气的总裁，绝对不可能将钱借给我，若真借了他愿意用资金金额的10%不求回报地送给我。我当然不相信他的话，于是就来请你帮忙。"这位总裁听后非常生气，因为哈伯提的那位总裁是他的仇人，他们之间有过不少的过节，这次他要给仇人一点厉害，让他的仇人自食其果。于是，他答应了哈伯的请求，哈伯取得款项之后欢快地离开了办公室。接着，哈伯用相同的方法在另外一位总裁的身上也筹备到了相应的资金。

哈伯经过充分的准备后，找出了两位贵人，并运用谋略筹齐了学校需要的款项。看来找贵人，确实需要花点时间和心思，尤其是素不相识的陌生人。如果运用好的策略是很容易取得成功的。

在人际交往中，与各行各业的人来往不要过分地苛求自己。最实用的方法是和自己的同学和以往的朋友长期保持联络，积极地参加同学会和老朋友的聚会，在这基础上，走出自我封闭的狭隘空间，多与他人接触，在无限大的空间内，你自然就会拥有形如良师益友、朋友、死党等贵人。

当然，有一些比较封闭性的工作，从事这类工作的人平常接触的人员很少，为了扩大交际圈，可以利用假期旅游，或者走亲访友，或者参加各项体育活动等。这些活动都能让你结识更多与你不同行的人。另外，你可以在培养兴趣爱好时，结交与你有着相同兴趣的朋友，这些朋友可以超越年龄、职业和身份地位的限制。所以，我们要把握身边的交际场合。

总之，社会如此之大，人员如此之多。只要你有心、用心，那么，你是可以在各行各业中结交到自己的朋友，与他们真心相处的。这些朋友可以让你学到知识，学到经验，同时也为你的事业之路积累到了成功的资本。

除此之外，有了朋友资本，还需要关系的维护。说起维护，有时也是一件很难的事情。万事都有解决的方法，因为每个人都有自己的性格特点。无论他的身份是高贵还是卑微，只要是谈论起感兴趣的事物，他就会显得异常兴奋、健谈，只要你认真倾听，他就能兴致盎然地给你讲下去。如果你碰巧与他有着共同的兴趣爱好，那么你肯定会获得他的重视，他会把你放进心底，也会把你当成人生中的好朋友。

如果在了解了贵人的兴趣之后，再与他进行交际，会加大你的成功几率，相处本身也会成为一件轻松而愉悦的事情。

朱明在一个不错的大公司上班，担任总经理。他之所以能谋上这样的美差，主要原因得力于他的兴趣爱好——围棋。

之前，他开了一个小公司，因为疏于管理而倒闭。他很烦恼，每天忙于找工作。正当他四处求职时，在一次偶然的机会无意中听到物业公司的人员说他以前开公司的办公楼里住着一位大公司的董事长，听完这话，他觉得眼前出现了一片光明。朱明很想去投靠这位董事长。正当为自己的想法高兴时，难题出来了：那位董事长是一个有着丰富经验的社会人，如果直接去找人家，肯定行不通，不

利于职业的发展。

于是，朱明就想从对方的兴趣爱好入手。朱明因为开过公司，又和物业公司人员的关系处得不错，所以他经常会来公司的前台下围棋。当他打听到了那位董事长的兴趣爱好和自己一样时，他欣喜万分。于是朱明改变了策略，从以前的经常来变为每天都来。几乎每天下午下班后大公司的董事长总会看到朱明下围棋的身影。说来也巧，经常看到朱明下棋，董事长实在控制不了自己的下棋的欲望，这一天他决定抽时间与物业前台的年轻人杀两把。慢慢地他们由陌生人变成了熟人、棋友。

就这样，他们以棋会友，经常交流棋艺。多次的对弈将他们之间的距离拉得越来越近，后来，他们的话题不再有所局限，在内容交流上不光谈围棋，而且还谈社会以及人生的价值观。虽然朱明与董事长的年龄相差悬殊，但他们冲破了世俗的交友界限，如今，两人已经结成了至交。

再到后来，当那位董事长听说朱明以前有过开公司的经历而目前待业在家时，董事长极力邀请朱明到他的公司去发展。现在朱明不仅就职于这家大公司，而且还被董事长委以总经理的职务，朱明的努力终于获得了完美的回报！

世间的事情就是这样，昨天我们还是陌生人，说不定到了明天、后天就会因为共同的兴趣爱好而成为朋友。所以，从一个人的兴趣出发去接近一个人，绝对能比其他的办法来得容易而实在得多。即使你的对手是一个高高在上的人，也会有自己的喜恶，只要善于用心思，你仍然可以和对方结为朋友。

另外，在拥有贵人的同时，需要及时更新资料库，否则会吃大亏。下面的故事就是一个很好的例子。

第二章 怎样找出你的贵人

张敏在事业上遇到了一件使自己烦恼的事情，以前他很勤奋，一直都搜集着贵人的资料，但他的贵人资料没有获得及时的更新，可他平常聊天爱在朋友面前显示自己的贵人，并对自己的朋友说自己的贵人大多数都有很强的能力。朋友听过他的话后，都特别羡慕他的贵人缘。他自己也觉得很幸运，无论遇到什么天下大事，都不在话下，都能将这些事情一一摆平。

但是，过分的骄傲自信使张敏吃了一个大亏。就在前几天，在他们村中，有一些粮食种植户传出了小道消息说："今年的玉米大丰收，我们要快点把手头上的玉米转出手，否则，超出的玉米量，在粮食收购点就会拒收。"其他的种植户听到这个消息都挺着急，纷纷把自己的玉米搬到最近的粮食收购点去卖。但张敏听到这个消息后一点也不着急，他觉得，自己不用和他们凑热闹，让他们忙去吧。反正自己有一个熟人在县粮食局谋职，要是卖不出去，到时找熟人肯定没问题。

因此，玉米种植户都把手头上的玉米给卖了，他还在那里自得其乐，他正盘算去找那位熟人好把自己的玉米卖个高价。但是事与愿违，当他找到那位熟人后，满怀希望的心一下子跌到了谷底，原来那位熟人早在2个月前就已经退休了，现在已经没有什么职能权力了。张敏回头来找粮食收购点时，这里早已停止了玉米的收购。面对自己满仓库的玉米，张敏这下子真没辙了。如果要把这些玉米放到明年再卖的话，他不知要赔上多少的仓储费了，而明年的时间还很漫长，明年的玉米价格会怎么，他也不得而知。想到这里，他的肠子都快悔青了，这些都怪他自己，如果他早点得知这位熟人已退休，他也不会在大伙都卖玉米的时期而过得悠闲自在。

每个人在他的一生中都会遇到很多的贵人。可是，为什么有些人能够在关键时刻找到合适的贵人相助，而另外一些人却虽然拥有贵人却老是用不上呢？最主要的原因就在于前者不光把目光放到了贵人的结交上，而且还特别重视贵人的信息更新。因此，能够及时用上贵人的人，他们手头上的贵人资料总是最新的。而用不上贵人的人，事业上会因为资源太少或许是没有获得更新而造成不良的后果。

为此，注重建立"贵人资料档案库"并进行信息的更新是一项必要的功课。只有掌握了贵人的最新信息，才能在遇到困难时选到合适的贵人。所以，平常要多与贵人交流、随时掌控着他们的信息，这样才可以为自己的前程做准备，为事业不断发展打下牢固的基础，也只有这样做我们才能更好地体验贵人带给我们的好处。

3．找出适合自己的贵人

在做事业之前我们要储备好自己的贵人，在事业发展过程中要懂得用好自己的贵人，在事业的取得成绩后要记得感谢你的贵人。当然，贵人的类型也是多方面的，这就需要在寻找他们的同时分类建组，在遇到不同的困难时能很快地找出合适的贵人来帮忙。这样不但能使自己的贵人类别条理清晰，而且在用到贵人时能帮助我们有效地节省时间。

1972年，美国的营销专家里斯和特劳特在美国《广告时代》杂志上撰写文章《定位新纪元》，再次提到了"资源法则"概念。现在，"资源法则"给营销者们带来了观念上的改革，已是营销学者和营销人员在做营销战略和规划时的专业词汇。假如我们将"资源法则"运用到我们的职业生涯中，它可以给我们带来许多启示，也有助于我们提高资源的效益。

任何事情的成功都取决于资源的配备。在我们的生活中，有物质资源，也有非物质资料。物质资源包括金钱和我们享用的财产；非物质资源包括知识、技能、思想、精神、理念以及自身的素质等。除了这些，有的资源处于两者之间，像人际关系、父母留给你的家族家业等。你越使用资源，资源的价值就会越来越大。如朋友资源，越爱结交朋友的人，朋友会越交越多，事业的成功机会也会越多。

不可否认，贵人其实是一种人际关系资源。如上司、朋友以及陌生人，都有可能在生活中扮演你的贵人。好多事情我们都难以想象，但唯一可以确定的是这种人际关系能帮我们创造价值。

还有一点需要明确，你身边的所有人不一定都会对你有帮助，不管他们的心地多么善良。拥有一个无能的贵人有时会比一个都没有更糟糕。如果你发现了你身边的某一个人可以作为你的贵人，你可以看看他是否符合贵人的标准：第一点，看看这位贵人是否是一位良师益友。因为一个好的贵人能为你指点迷津，他会真心实意地帮你。每个人的能力都是有限的，你自己暂时办不到的事情，让贵人帮忙，所有不能解决的问题都能获得很好的解决。同时，与贵人的交流学习，可以使你的人生阅历获得飞速的发展。第二点，这位"贵人"的手里是否有权势。如果现在没有，那他的身上是否有这方面的优势和潜力。一个有力量的"贵人"不一定有很高的权力，但他必须是一位卓尔不凡的人物。同时，这位贵人至少具备强烈的自信和坚定的信念，有着智慧的头脑和长远的眼光。你需要发挥灵敏的嗅觉把贵人从生活中找出来，并且你要创造机遇，进入他的生活圈子。职务的高低有时不一定代表能力，因此，在选择你的贵人时要细心地考察贵人的潜质。第三点，考察你的观点和价值观念是否与你的"贵人"相同。如果不一样，那么你与"贵人"的沟通会遇到问题。在这种情况下，你要多了解贵人关于人生价值和事业道路的具体看法，以便增进你们之间的友谊。对于具体的贵人要具体分析，身边的贵人需要自己用心去发现，更需要用心去判断。

选好贵人，对你的生活和事业起着决定性因素。他能帮你实现人生价

值，可以在各个方面帮助你，并且能帮你规划好事业，让你的人生之路更精彩。

现实生活中，很多人不具备成功的潜质，但他们仍然可能成功，重要的原因是跟对了人。比如《西游记》中的沙僧，智商和情商都极为普通，但是他跟对了唐僧和孙悟空，依然获得了成功，有谁认为他不是一位得道的高僧呢？假如他没有加入唐僧这个团队，没有去西天取经，他可能就在流沙河平平淡淡了此一生，成为平庸之辈。

香港的某知名咨询企业曾经对香港的上班族做过一个权威的调查，结果在所有受访者中，有70%的人表示有被贵人提携的经历，而且年龄越大曾受提携的比例越高。尤其是50岁以上的受访者，几乎每个人都曾经遇到过贵人。受访者中凡是做到中高级以上主管的，有90%受过他人的栽培，而自己创业当老板的，竟然100%受到过贵人的帮助和提携。

这表示了什么？没错，贵人的光环时刻都能给我们带来意想不到的收获，而且无数事例证明，只有选择合适自己的贵人，才能做到"志同而道合"，才能起到最佳效果。

三国时期的关羽，在立誓追随刘备后，也曾遇到过无数譬如曹操一样赏识他才干的明君，但在关羽的心中，仁德的刘备更对自己的心思，是最适合自己为之付出的人，所以他在遇到困难和诱惑时，毫不犹豫地展现出了忠肝义胆的一面。而结果也并没有让他失望，刘备得势后，关羽坐了武将中的第一把交椅，成为了镇守要地的大将军。

由此可以看出，如果遇到贵人，遇到适合自己的、能帮助自己的、与自己有共同指向的贵人，那么我们就能为自己的成功之路铺上一条捷径。所以在我们的人生际遇中，一定要谨记：不选最好的，直选最对的！

4．要时刻准备与贵人牵手

贵人在关键的时刻可以改变我们的事业进程，帮助我们扫除道路上的障碍和荆棘，推动我们事业的成功。在遇到贵人之前，我们要不断提高自己的综合能力，并且时刻准备和贵人的牵手，这样才能不与成功失之交臂。

在一个风雨交加的夜晚，有一对老年夫妇走进一家旅馆想要住宿。值夜班服务生很无奈地对他们说："真的很抱歉，今天所有的客房都被早上来开会的团体订满了。"

两位老人听到服务生的话，神情顿时黯淡了下来。看到两位老人失望的样子，服务生不忍他们再走进风雨之夜去寻找住处。于是，他很诚恳地对两位老人说："今天我值班，两位若是不嫌弃的话可以在我的房间休息一晚。我的房间虽比不上豪华的套房，但还是比较干净整洁的。"两位老人非常感动，并对年轻人的热心表示衷心的感谢。

第二天早上，老先生走到服务台结账。结果被这个服务生拒绝了。他说："昨天您住的房间并不是饭店的客房，所以我们不会收您的钱，只希望您与夫人昨晚睡得安稳！"老先生对年轻人的厚道点头称赞："你是每个旅馆老板梦寐以求的员工，或许改天我可以帮你盖栋旅馆。"

年轻人并没把老先生的话当真，只当是平常人的客气话。没想

不要放跑你的贵人

到几年以后,有人给这位服务生寄来一封挂号信,信中说了那个风雨夜晚所发生的事,还附有一张邀请函和一张来回机票,邀请他到纽约旅游。

年轻人如约去了纽约,并在曼哈顿见到了那个风雨之夜来住店的老先生。老先生指着闹市一栋华丽的新大楼对年轻人说:"这是我为你盖的旅馆,希望你来为我经营。可以吗?"年轻人诚惶诚恐:"您有没有条件要求?为什么会选中我呢?"老先生却说:"我没有任何条件要求,我看中的是你的人品。那个夜晚你完全可以打发我们去别的旅馆。也许是你不忍心客人再遭受雨淋,所以委屈自己让我们夫妇住进你的房间,这令我十分感激。你正是我梦寐以求的员工,我渴望能获得你的帮忙。"

年轻人答应了老先生的请求。之后便在这家旅馆尽心尽力地做起事来。转眼间,一个多世纪过去了,老先生为年轻服务生盖的旅馆依然存在,它就是尊贵和地位的象征。现在,各国政要造访纽约下榻的首选饭店便是著名的华尔道夫饭店!而这个年轻服务生就是乔治·波特(George Boldt),是他奠定华尔道夫饭店在世界上重要的地位。

如果你已经做好了与贵人牵手的准备,那么,你必须懂得一些联络贵人感情的方法。

第一,要记得联络感情。

经常保持联系是建立成功关系网络的一个重要条件。关系如同一把钢刀,只有经常进行打磨才不会生锈。苹果公司人力资源副总裁苏利文曾经对员工提出忠告:"要想建立良好的人际关系,你必须下硬工夫。"如果中断半年的联系,你就可能失去这位朋友了。所以不要与朋友失去联络,不要在遇到困难时才临时抱佛脚。

长期的联络，是感情的必要投资，会使你的关系网更加牢固。与人相处，就像银行中的零存整取业务，平时一点儿一点儿地储蓄，到了一两年后就有一小笔余钱了。联络感情的方法是多样的，其中最直接的办法是多见面，见面是增进人与人之间了解的最好方式。此外就是多与对方通电话、发短信，这些方式都可以使一个人的内心感到温暖。

朋友间的关系需要维护和经营，平时互相不来往，相当于不存钱；有事才想到找朋友帮忙，相当于从存折中取钱，只取不存，账户迟早会空的。感情的培养，需要一点点地积累，只有长期积累，你们的感情才能持久稳固，在特殊的时期才能发出亮光。

无论多忙，都不要忘了跟朋友联系。如重要的节假日就是朋友联络的好时期。在这个时期，与朋友进行电话沟通，或者寄贺卡送给朋友表达祝福等等，这些都是经营人脉的必要策略。

第二，要记住他人的个人资料。

朋友太多了，有时候我们会忘记对方的身份和个人情况，交谈起来就很难产生亲近感。为了拉近这方面的距离，你要有一套自己的方法。当你每次和别人交换名片后，可在名片上写上见面的日期、地点和事由。这样，在下次见面时，就会很快地记起朋友的情况。因为了解朋友，所以在聊天时就会拥有亲切感。

另外，还有一些不经常交往的朋友，可以将他们的生日、爱好等都记在名片上。这样，每当你看到这些名片时，就会想起你的朋友。当然，你们在交往时也能达到和谐沟通。

第三，名片要分类存放。

对朋友进行分类，可以起到很大的方便作用，有的是经常联系的，有的是生意上的伙伴，有的是运动类的朋友。对于名片，也是一样。如果把这些名片放在一堆，分不清亲疏远近，就很难找到自己想要找的名片。如果将名片进行分类管理，按照行业分成不同的类型，并在行业下标明职位，那么，

在你与朋友沟通时，就能准确地对号入座，能够很快地找出目标对象。

经营好人脉等于经营好了一个贵人圈。贵人圈的建立，有助于各方朋友在事业不同时期给予不同的帮助。想要巩固你的人脉，就得寻找好的方法。也只有经营好人脉才能在朋友的帮助下，使事业获得发展。

5.找出不同能力的贵人

社会环境的激烈竞争，使我们不得不增强自己的实力。想要生存下去，我们必须去接触各行各业的人，学习多方面的有用知识。这样方能拥有多方面的人脉，以便经营自己的事业，获得更大的进步。

如果你一点儿也不了解其他行业的人的想法与行为，那么在自己的生活中和工作中就很难成长。要了解各行各业的情况，最有效的方法就是多结交各行各业的人。那么怎样才能结交上这些人呢？

首先，你要有广阔的胸怀。

胸怀是友谊的桥梁，是结交朋友的根基。广阔的胸怀是由丰富的知识与良好的品格共同组成的，它是情感与智慧的完美结合。一个有魅力的人，会巩固和发挥自己本行的专业知识，凭借不同行业中的运行方式，开阔视野，增长才干。更可以交到许多不同类型的朋友，这也是交际中的小秘密。

其次，培养出受别人欢迎的性格。

虽说人都善变，我们不能奢求所有的人都具有相同的气质性格，但是每个人都具有被别人喜欢的性格，这也是我们的荣耀。有这样一种人，他有着很高的社交要求，但在交往中会有莫名其妙的焦虑感。这样的人较敏感，看重感情。刚开始交往时，会让他们惴惴不安。但经过长期的磨炼可以获得性格的完善。

其实，想要自己受到别人的欢迎很简单，只要主动去结交那些性格与众不同的人。有的人生性高傲、脾气古怪，让人难以摸清他们的心态，在交际方面使我们不敢前进。对于这些，大可放心，因为每个人都有和善的一面，越是难以亲近的人越是朋友中的宝贝。只要真诚地对待他们，相信不久之后，他们自然会成为你的朋友。

此外，不错过任何一个能结识贵人的场合。

一般的贵人是不会主动告诉你他能帮你做事情的。所以，你要仔细地寻找，不放过任何一个场合，结识不同类别的贵人。

友谊无处不在，财富也无处不在。分众传媒于2005年在美国纳斯达克正式上市，上市后的融资金额达到了1.717亿美元。而分众传媒的首席执行官江南春也由这次融资一夜暴富。江南春有如此的成就，原因之一就是得力于他的贵人余蔚。

江南春与余蔚相识于2002年。江南春当时经营着国内50强的永怡广告公司，他与余蔚在同一个办公楼办公，所以，他们会经常相遇于电梯口、洗手间。余蔚做工作认真，每周末都会去公司加班。江南春也不例外，所以，他们总能不期而遇。又有一次周末加班，江南春提的笔记本和策划书让余蔚心生好奇。他们闲聊了起来，余蔚告诉江南春自己做的是一个具有赢利潜力的投资项目，投的不仅是项目，更看重优秀的创业者。听过这话，江南春对余蔚充满了敬仰之情。

在2003年的某天，余蔚得知江南春在做液晶电视广告，便开始注意他的动向，他发现江南春不仅每天去各个大楼忙于安装液晶显示屏，而且还从事风险投资行业数年。余蔚具有前沿的商业嗅觉，他觉得："这个数字化的户外媒体将是一个新兴的媒体，前途一片光明啊。"余蔚想了解这个市场前景，在接下来的日子，他对江南春的创业经历进行了调查，并决定与江南春促膝长谈。

第二章 怎样找出你的贵人

不要放跑你的贵人

这次谈话中，江南春告诉余蔚自己已投资2000万元在中高档写字楼安装液晶显示屏。因为是新兴媒体，投资与收入不成正比，这些烦恼常常使他夜不能寐。余蔚带着肯定的眼神鼓励着江南春。随后，余蔚表示愿参股分众传媒，分批注入200万美元。有了这笔资金，江南春如鱼得水，自己的公司获得了新的发展。作为分众传媒的投资人，精明能干的余蔚教江南春管理公司的方法和降低公司的不确定因素等方法。在余蔚的参与下，分众传媒的回报达到了120倍的收益。

在人际交往中，我们要放宽自己的交际圈子，这样可以拓宽你的贵人圈，结识更多具有才干的成功人士。在生活与工作中，我们也要留意如同等电梯、飞机、火车等场合，这样能够拓展自己的贵人关系网，以发展自己的宏伟事业。

另外，找出你的贵人后，还需要再接再厉继续守住你的贵人，只有这样，才能让你的事业价值在关键时刻得以实现。

佳利公司是一家很有名气的公司，在香港专门生产录音带仪器及零件。这家公司非同寻常，有时年营业额高达两亿港元，甚至更多。佳利公司由三个合作伙伴组成，他们是周家平、周家宸两兄弟和一位美国商人嘉纳(Steve Garner)。周氏两兄弟和这位美国伙伴的关系亲如兄弟。

刚开始，周家平在一家企业帮老板生产翻版歌曲录音带，到1967年，他离开了那家公司，自己投资8万元办了一个生产录音磁带的小工厂。他认真经营这个小厂，将磁带生产出来后卖给一些唱片公司。后来他又邀请自己的弟弟周家宸入伙，继续生产磁带。经过一番努力，他们的企业基本上站稳了脚跟，但营业额却不大。1978

年，一位美国人来到香港，这位名叫嘉纳的美国人当时先到太古磁电公司工作。在为外国买家购买零件时，他结识了周氏兄弟。后来嘉纳决定搞一点录音带零件出口贸易，便想到了周氏兄弟。嘉纳在周氏兄弟的帮助下，在办理各种船务、货运、手续等事情时，获得了很大的便利。

随着交往的进一步加深。周氏兄弟想与嘉纳进行合作，因为嘉纳做的是录音带出口生意，而周氏兄弟正好搞录音带生产，彼此相互补足。而这时，周氏兄弟正为生意犯难，他们遇到了贵人嘉纳。

此后，他们形成一条龙服务。双方合作后，周氏兄弟不再愁录音带零件的销路，而嘉纳则不用愁货源，双方合作达到共赢。

为了将事业做大，周氏兄弟与嘉纳决定创办一个公司。于是，在1980年成立了中外合资的公司——佳利公司。

公司成立后，嘉纳利用自己做出口贸易的优势，拓展了外国生意的客路。由于业务量增大，周氏兄弟负责生产并扩大了生产规模。经过几年的努力，他们将佳利公司从一家制录音带的小工厂发展成了多元化的大企业。

想让企业的发展道路更平坦，在业务方面，往往需要采取联合协作的方式，来增大自己在竞争中的实力。但是，搞合资经营，企业合伙人之间的关系，会直接影响到企业的生存，有很多合伙企业就因此而解体。周氏兄弟与嘉纳的合作却非常成功，他们之间真诚相待，彼此信任，从来都没有发生过不愉快。

从这个事例中，我们看到了贵人无处不在，只要睁大我们的眼睛，贵人就在身边。

6．抓住贵人与你的缘分

如果你是一个渴望成功的人，那么，每一次的人际交往都是机会，而每一次的机会都可能通向成功。有的人在陌生场合不愿意主动跟人打交道，常常把自己关在社交圈之外，这样做很容易让他们错过自己的贵人。

一次乘飞机的机遇，善于交际的邓文迪改变了她的人生轨迹。她凭着自己的社交能力，不仅赢得了自己的事业，还在新闻集团赢得了自己的终身。

从加州州立大学毕业后，邓文迪凭借自己的努力考进了耶鲁大学商学院，攻读MBA学位。毕业后，邓文迪准备到香港发展。在飞往香港的飞机上，她恰好坐在了默多克新闻集团的董事布鲁斯·丘吉尔（Bruce Churchill）的旁边。对于大多数人来说，旅途中的邻座是什么人并不会太在意。但是，邓文迪没有让这个命运中绝佳的机会擦肩而过。在飞机上，在简短的交谈中，她凭借着耶鲁大学商学院MBA学位以及精通英语、粤语和普通话的有利条件，轻而易举地博得了布鲁斯·丘吉尔的信任与好感。

在新闻集团布鲁斯·丘吉尔的引荐下，邓文迪谋到了星空卫视总部实习生的工作。邓文迪知道，要想在事业上有更大的发展，还需要更有力的贵人的鼎力相助。

想要获得贵人的帮助，先要创造与贵人见面的机会。新闻集团董事长兼首席执行官默多克是全球媒体界举足轻重的人物，邓文迪要进入新闻集团的最高层，也需要赢得默多克的重视。

在星空卫视公司中，一般的职员平时很难有机会接近默多克。有一次，邓文迪打听到公司即将举办高级管理人员酒会，这是一个能认识贵人的好机会。虽然邓文迪的职位远远不够参加酒会的级别，但她相信自己，她决定给自己一次机会。

酒会那天晚上，邓文迪打扮得光彩照人，不请自去。同事们不好意思把她拒之门外，邓文迪便大方地走进了酒会。酒会上的人都看见默多克独自在角落里喝酒，但是没有一个人敢走过去搭讪，但这在邓文迪看来就是一个脱颖而出的好机会。她端起酒杯走过去，可是酒杯没有端稳，不小心将酒洒在了默多克身上。在处理意外的同时，两人交谈起来。通过简短的交流，邓文迪清晰的头脑、敏捷的思维和独特的东方情调迅速赢得了默多克的好感。初次见面，两人就交谈了两个多小时。在场的所有同事都特别惊奇，默多克能与员工交谈两个小时，这是公司的首次纪录。

那次酒会以后，邓文迪就以默多克的随行译员身份出现在这位传媒大王的身边。他们不但在工作上配合得亲密无间，生活上也是越走越近，他们感情越来越好。没过多久，默多克对外公布了他与邓文迪的关系。

到了1999年6月，默多克在泊于纽约港的私人游艇上与邓文迪举行了婚礼。邓文迪成为世界上最大传媒集团老板的夫人。

结婚后，邓文迪的事业也获得了进一步的发展。2006年9月，默多克宣布："我们必须使My Space成为一个非常中国化的网站，我已经把我的妻子派到中国，她会中文。"My Space是默多克以5.8亿美元收购的美国社交网站，该网站是国际互联网上人气最高的网站之一。邓文迪出任My Space的中国董事，年薪为10万美元。她是中国女子的骄傲，是一个非常传奇的中国女人。

在创业的道路上，邓文迪是智慧的。她与贵人的缘分都是在见面之初就达到了很好的效果。邓文迪虽然身材高挑，但算不上美人，也毫无家世背

第三章 怎样找出你的贵人

景,她为什么能找到默多克这样的贵人相助?这一方面是源于她自身的魅力,另一方面就是她敢于接近陌生人,走近布鲁斯·丘吉尔和默多克。第一次走近,让她赢得了进入传媒公司的机会;第二次走近,让她赢得了丈夫。如果邓文迪生性胆怯,不愿跟陌生人打交道,不敢走近陌生人,如果这样,她不可能赢得成功的机会。

社交能力强确实能促进事业的成功,尤其是初次打交道便能抓住贵人的人。尽管抓住贵人很难,但我们还是要勇于争取。因为贵人的点拨和帮助,可能胜过你自己多年的思索和打拼。

在初次见面时,有一些贵人可能相貌平平,也可能身份低微,还可能出现在很不显眼的场所,但是,这些人却能给他人带来实际的帮助,能够改变你的前途和命运。

2007年3月29日,美国杂志《福布斯》公布了"2007年全球上市公司2000强"排行榜。日本三菱集团以885亿美元的资产位列第126位,它的产值和利润都让很多贸易公司无法比拟。然而,谁也想不到,日本三菱集团的创始人岩崎弥太郎当年从一个地下浪人转变为日本第一财阀时,主要获得了一位樵夫的帮助。

1834年12月11日,岩崎弥太郎出生于安艺郡井口村。父亲弥次郎是个地下浪人,因家道中落而丧失了乡居武士的地位,过着贫困的下层生活。母亲美伦是个医生的女儿。弥太郎从小就跟随外祖父识字并学习书法,14岁时就离开父母寄居在姨父家读私塾。到了20岁时,弥太郎决心到中心大城市江户求学。为了凑足盘缠,父亲卖掉了祖先留下的山林。临出发的前一天晚上,弥太郎登上家乡西边的妙见山,来到星神社的祠堂,在星神社的门上写道:"日后若不能扬名天下,誓不再登此山。"

弥太郎从乡村来到江户,拜师于昌平堂儒官安积良斋,从此以后，他的才学大进，也被人冠名为"秀才"。

世事难料。一年后，弥太郎的家境发生了巨大的变化，他的父亲突遭横祸，受村长中伤下狱。弥太郎赶回来为父申冤，不料，郡奉行所官员与村长串通一气，拒绝他的申诉。性格倔犟的弥太郎怨恨难抑，他在奉行所的柱子上刻下："无贿不成官，罪由喜恶判定。"奉行官命人削掉柱上大字。弥太郎接着又在奉行所外白墙上写，恼羞成怒的奉行官将弥太郎逮捕下狱，弥太郎也没有进行反抗。

下狱后，弥太郎与一位樵夫关在同一牢房。这个樵夫十分擅长算术。一天，樵夫对他说："没有一项工作能比做生意而一获千金有意思。"

弥太郎问："做生意是好，可是我不懂算术，你能教我吗？"

樵夫爽快地答应了。

不久，弥太郎就能很熟练地运用算术了。樵夫夸奖他说："弥太郎，你真了不起，我花四五年才学会了算术，而你却不到一个月就很精通了。"

弥太郎抑制不住自己的兴奋，他指着牢房的一个大柜子，说："有朝一日，我若能成为天下巨富，将报你以一大柜子的酬金。"

因为坐牢，弥太郎结识了樵夫，这次机遇也是弥太郎一生中的重大转机。他变得精通算术，而且对经济也略有研究。

时间又过了一年，弥太郎获得获释，他把目光投向了做生意。有一天，弥太郎与弟弟弥之助在安艺河边钓鱼。他遥看着两岸辽阔的土地，说："这两岸土地既肥沃又广大，无奈就怕洪水泛滥。"就在这时，他萌发了一个想法：如果在两岸筑堤，挡住洪水，岂不可造就万亩良田？弥太郎立即向安艺郡公所提出筑堤造田的申请，很快获得批准，准许实施。后来，仅弥太郎本人就造稻田100公亩，

棉田50公亩，获得了一笔可观的财富收入。

自此以后，弥太郎迎来了春天，他担任了奉行所的一名下级官员，往高知城赴任。1867年，弥太郎又担任了长崎土佐商会的负责人。到了1868年，日本开展了明治维新运动，弥太郎也抓住机遇创办了三菱公司，到后来，弥太郎成为日本首富，他遵守了当时的诺言，给樵夫家送了很多钱。

在弥太郎的致富道路中，樵夫的一语提示和施教改变了他的人生。在牢房里，在困境中，一个素不相识的樵夫给了弥太郎新的思想和知识。如果没有遇到大度的樵夫，弥太郎也许不会拥有后来的财富。

塞翁失马，焉知非福。人生需要磨炼，需要成长。善于抓住贵人留给你的机会，即便是在逆境中也要乐观地面对生活，积累成功的力量。

7. 善待他人，贵人悄悄来

无论你是富有权势的人还是地位卑微的人，在大千世界中，大家一律平等。如果你是一位有能力而又善待他人的人，你的事业可以获得强劲的发展。你的行为在无形中会给你招来贵人，而你的贵人能给你带来好的事业运程。

身怀绝技的人一般出自于民间，如果你肯放下架子，善待他人，那么陌生人也会成为你生命中的贵人，使你的事业插上腾飞的翅膀，你的前景也会一片光明。

普利司通公司总裁普利司通是世界轮胎帝国的缔造者。在普利司通初到橡胶城亚克朗打天下时，由于没有自己的核心技术，效益

第二章 怎样找出你的贵人

并不佳。一天，他工作太累，破例进酒吧喝酒。店堂里传来阵阵哄笑，一个脸上抹着灰，把裤子当围巾披在肩上的青年，东倒西歪地走着，样子看起来滑稽不堪。没走多远，他被一把椅子绊倒，众人的笑声更高更大了。

"唉，天天如此，一个标准的酒鬼！"有人说，"搞发明真是害死人啊！"

普利司通眼前一亮，刚想离开，又停了下来："他是发明家吗？发明了什么东西？"

"不太清楚，好像是有关橡胶轮胎方面的。"

"他叫什么名字？"

"洛特纳。不过没有人叫他这个名字，大家都叫他醉罗汉。"

普利司通匆匆走出酒吧，已不见那青年的踪影，他懊丧不已。他打听到洛特纳的地址，第二天一早就找上门去。那是一家规模很大的橡胶厂，洛特纳正在搬运材料。

"你是洛特纳先生吗？我今天特地来拜访你。"普利司通笑着说。

"我不认识你。"洛特纳冷冰冰地说，露出警觉的目光。

洛特纳的态度非常傲慢，他根本没把普利司通放在眼里。但普利司通觉得有一种神奇的力量吸引着他。普利司通向前走了几步，他决定和洛特纳谈谈，但洛特纳却掉头就走。普利司通并不甘心，决定在厂门口一直等下去。从上午10点等到12点，出来吃午饭的工人又回厂了，却没有洛特纳的身影。他不敢离开，生怕错失了洛特纳。到下午5点，几乎所有的工人都下班走了，还是没有见到洛特纳。普利司通又饿又累，坐在路边。他横下一条心，洛特纳早晚总是要下班的，不见到洛特纳，他就在公司门口不走了。

普利司通一直这样坚持着，直到下午6点多，洛特纳才从厂门口

匆匆走出，望眼欲穿的普利司通又惊又喜，一下站起来，顿感眼前发黑，几乎摔倒，洛特纳一下扶住了他。

"你不舒服吗，普利司通先生？"洛特纳发出亲切的问候。

"你让我等得好苦！"

"我知道。"洛特纳低垂下头，"我已经出来三次了，每次看见你等在外面，我又回去了，开始是不愿见你，到了下午，觉得难为情不好意思见你。"

普利司通不需要解释，他的诚意终于感动了对方。两人到酒店共饮畅谈，越谈越投机。

"你发明的究竟是什么东西？"

"是能使胶胎与汽车钢圈密切接合的装置，使轮胎不易脱落。"洛特纳非常失望地说，"我费尽心血研究出的东西，没有人要也就算了，最不能忍受的是别人拿它来取笑我，以为我是骗子，到处骗钱。"

普利司通安慰了洛特纳一番。两人有一种相见恨晚的感觉，他们都把对方引为知己。洛特纳有感于知遇之恩，下决心帮助普利司通打天下。普利司通的资本和洛特纳的新技术一结合，就立即产生了巨大的效益。他们制成了一种不易脱落而且储气量大的轮胎。

后来，普利司通开车去向制造大众汽车的福特进行销售："福特先生，听说您在制造新汽车，我给您带来了一种新轮胎，这种轮胎和你的汽车正好配对。"

"你知道，我这种新车的特点是价格便宜。"福特笑着说，"可能用不起你的好轮胎。"

普利司通展开了他的推销："我敢保证，它一定适合您的新车。这种新产品，别人见都没有见过。"

拥有好奇心的福特立刻动心了，他打算装在大众汽车上进行试验。试验的结果使他十分满意,只是觉得价格稍贵了一些。普利司通将原因娓娓道来,他的话使福特说不出不买的理由。装上新轮胎的福特车上路之日,也正是普利司通的橡胶公司腾飞之时。

在以后的几十年创业中,普利司通公司逐渐成为世界汽车轮胎业的霸主,宏伟成绩的取得与普利司通放下架子、善待他人的精神有着紧密的关系。

有了善待他人的胸怀还不够,除此之外,在私底下,还要拥有人脉交际的手腕。那就是与贵人要常交流,学沟通,多交朋友,会交朋友。这样才能在拥有好人脉时,赢得事业的大发展。

> 吴榄华是上海香港商会理事、上海利苑金阁餐饮有限公司的董事长,他是一个四海之内皆有朋友的人。他的朋友数量有两三千人,每年都会见面三四次的有一千多人,经常见面和联系的有三四百人之多。这些朋友都是他的贵人,在吴榄华的事业中扮演着不可或缺的角色,给了他很大的帮助,使他成为一个资产上千万的大富翁。
>
> 在吴榄华的名片上,印着上海香港商会理事兼公共事务副会长、香港体育会会长、上海市侨商会会员工作部顾问、沪港经济杂志高级顾问、上海市公共关系协会副会长、上海利苑金阁餐饮有限公司董事、上海威顺康乐体育咨询有限公司董事长等头衔。从这些头衔上就可以看出他的人脉之广。这些人脉关系都是吴榄华特意积蓄起来的,为他的发展提供了很多帮助。
>
> 1993年,吴榄华来到上海,在一家珠宝公司任职总经理,负责筹建业务。于是,他在工作中认识了很多朋友。这些朋友中,有很多是在上海的香港人。在他们的介绍下,吴榄华加入了上海香港商

第二章 怎样找出你的贵人

会。不久之后，吴槟华成了香港商会的副会长，这样能更好地发展自己的事业。

童年时期的吴槟华就很喜欢体育运动，参加过许多体育培训班。加入香港商会以后，吴槟华组织了足球比赛等体育活动。1997年，吴槟华创办了香港体育会并担任会长。体育会也让他有了更多的朋友，大家在玩的同时成为好朋友，有些自然就成了生意上的伙伴。不久，吴槟华成立了上海威顺康乐体育咨询有限公司，他利用休闲场所结识了更多的朋友，他的人际关系网也是越结越广。在上海香港商会期间，吴槟华认识了一大批在上海工作的香港成功人士。不久，吴槟华跳槽到一家美资烟草公司。他手下只有两个人，要亲自负责推广、调研、制定策略。为了扩展市场，公司允许吴槟华报销每个月和客户吃饭的交际费用。吴槟华说："这是一个机会，可以让我认识很多朋友，朋友多了，资金不愁嘛。"

有了前期的朋友铺垫，后期吴槟华在开公司、介绍推荐客户和业务的过程中，经常会获得朋友的照顾。当朋友有什么好的生意时，也会想到告诉他。他说："其实通过我手上的人脉关系，做什么事情都会比较轻松。虽然我认识这么多朋友，但我从来没有以什么商业或者生意上的目的去找过朋友，都是朋友主动帮助我的。朋友有什么生意，都不会少了我这位朋友。"

1999年到2000年期间，吴槟华在朋友的推荐下开始投资房地产。当时上海的房地产非常火暴，很多楼盘都是排长队也难买到号，而吴槟华通过朋友关系，不但可以买到房子，还能以老客户的身份享受打折优惠。有些楼盘还没有开盘，朋友就已经帮他预留了房子。好的朋友关系为他带来了直接的效益和利润，他的生意越来越顺，在事业的发展上也越来越广阔。

四面八方的朋友还给吴樾华带来了源源不断的财路。在2004年12月，有一个朋友告诉吴樾华，有一家餐厅位置很好，位于襄阳路和淮海路的东湖路上，但是由于经营问题，生意一直不是很好，因此那家餐厅急需管理人才。吴樾华一听，认为这是一个可以运用自己人脉的好机会。他通过朋友介绍，认识了这家餐馆的老总，并负责餐馆的一切事务，他的收入是从营业额中获取提成的奖金，这也给他带来了其他方面的资金收入。

吴樾华的出现为餐馆增添了不少人气。吴樾华在接手管理餐馆后，把自己的印有这家餐厅职位的名片和一些餐馆的打折卡、贵宾卡、免费的点心券等邮寄给自己名片库里的那些朋友。这些朋友都纷纷过来捧场，有举办同学聚会的，有进行员工聚餐的。一个月之内，餐馆的营业额就成倍增长，高达20多万元。

当吴樾华开始创业时，他对自己的事业非常勤奋，因为工作压力很大，身体超出了透支范围，在这种情况下，他犯了心肌梗死住院了。当朋友们知道吴樾华病危的消息后，一两个小时内就有一两百人到医院看他，有很多都是平时忙得连家都没有空回的大老板，他们抽空来看望吴樾华。吴樾华回忆起这些往事时，感动地说："有这么多朋友关心我支持我，算下来，这一辈子我活得值了。"

一个具有高尚道德情操的人，在赢得贵人方面会更有魅力。如果你真心待人，最终会赢得很多的人脉。在生活中，我们不要过多地计较得与失，只要你真诚付出，贵人自会来到你的身边帮你开创事业的成功之路。

8. 贵人无处不在

想要拥有贵人，你不仅要拥有一颗善良的心，而且要有高洁的操守。这样你身边才有贵人靠近，当贵人靠近你时，你才能赢得很多的机遇，为此，你的事业才会由此而精彩。

乔·吉拉德是"世界上最伟大的推销员"。在商界的奋斗中，他总结出了一条"250定律"。他觉得，每一位顾客身后大约有250名亲朋好友可以发展。倘若你赢得了一位顾客的好感，那么，这位顾客背后的250个人的好感也会随之获得；相反，如果你得罪了一名顾客，也就得罪了这位顾客背后的250名可发展顾客。所以，你必须认真对待身边的每一个人，因为每一个人的背后都有一个相对稳定且数量庞大的顾客群体。好好对待身边的每一个人，他们的群体力量可以助力你的整个事业。

事业靠借力，助你上青云。推动事业的好风不能只局限于工作范围中的人脉，还有一些是日常生活中我们常常遇见的平凡人。因此，寻找贵人，与人交往不要人为地画出界线，要做个有心人，一有机会就要展示出你的才能，这样才能获得贵人的赏识。同时你也要记住，贵人帮得了你一时，不能帮助你一世。当他们给你机会时，你要抓住时机把握机会、利用机会，这样才能取得最终的胜利。

俗话说："人生处处都有贵人，但贵人不会从天而降。"能够赢得贵人帮助的人，这些人也是乐意给别人帮助的人。如果你乐于帮助其他人获得他们想要的事情，那么他人也就乐意帮助你，你帮助的人越多，愿意帮助你的人也就越多。所以，你想要受益于贵人，必须从自己做起，首先成为别人的贵人，才能获得别人的帮助。

有一个贫穷的农民，他叫吉米。他的家境虽然贫穷，但人穷志不穷。他心地善良，乐于助人。有一天，他正在农田里干活，忽然听到不远的池塘里传来了"救命"的喊声。听到声音后，他放下农具，撒腿就向池塘的方向跑去。走近一看，是一个男孩掉进了池子里，他"扑通"一下跳下去身手敏捷地把小男孩救上岸，并且问明地址将小男孩送回了家。

没过几天，吉米的家门口停了一辆小轿车。一位很有礼貌的绅士下车，拿出一沓钱来对吉米说："我是落水孩子的父亲，感谢您救了我的孩子，这是我的心意请您收下。"农夫坚决不收，他向孩子的父亲说道："我不是因为钱才救你的孩子。"双方相互谦让之际，屋里出来了一个小女孩，绅士看到后问："这是你的女儿吗？"农夫点头说："正是。"绅士接着说："既然您不愿意收钱，我也不勉强您。但是，您救过我的儿子，请允许我也为您的女儿做点事。我打算资助她接受良好的教育。有其父必有其女，这个女孩长大后，一定会有一番作为。"绅士这么有诚意，也为孩子的将来考虑，农夫答应了他的请求。绅士说到做到，他一直坚持不懈地资助这个女孩上学，直到女孩研究生毕业。

这个女孩后来在慈善机构工作，她在工作中勤勤恳恳，帮助很多的贫穷地区的孩子圆了上学的梦想。

在人们看来，贫穷农夫的命真是好，遇到了一个替他抚养孩子的人，如果我们去追究根底，一定会发现倘若农夫是一个事不关己高高挂起之人，那么他女儿的一生也只能是一个贫苦的人，会因为没钱而上不了学，也会因为没有上学而埋没一位富有慈善心肠的人。

在这个物质主导的社会，现代的人们越来越功利，只愿意把时间和精力投资在那些现在或者将来某个时候能给他们带来好处的人身上。这种功利性的行为可以理解，但是过分地看重利益而生存，会使这个世界缺少温情，人们生活的世界也不会获得真正的快乐。

生活有时不像你想象的那样，一直执著地追求事物，不一定能得到，而无意间的行为却可能会为你带来意想不到的机遇。多为他人着想，多为他人服务。在无心的经营中，我们也能获得收获。这种收获能让我们感受到生活的快乐。

除此之外，机缘的到来是不会提前给你打招呼的，它的出现有时就是一瞬间，如果你没有敏锐的眼光来识别，那么你会很容易地将它放走。如果你时刻为它准备，那么在机缘到来的那一刻就会利用灵感将它捕获，并且为你的人生创造不菲的价值。

因为《流星花园》的机缘，成就了F4的组合机会，也是因为F4的演出，使他们的名声红遍亚洲。当然，F4之所以能出彩，在很大意义上归功于台湾著名女制作人柴智屏。

当年，为了给电视剧《流星花园》找角色，柴智屏挖掘出来的第一个主角是言承旭。柴智屏眼光独特，当她偶然在报纸上看到言承旭的照片后，马上认定了"道明寺"这个角色非他莫属，最后她联络到言承旭，双方一拍即合。而《流星花园》里的"西门"角色朱孝天，他的F4机缘更是充满了传奇色彩。柴智屏去一家烧烤店用餐时，在餐厅的服务生里发现了这匹千里马。《流星花园》饰演"美作"的吴建豪，来自于柴智屏手下一名工作人员的推荐。她的工作人员在健身房遇到了正在健身的吴建豪，觉得他非常有型，便拉他去《流星花园》剧组试镜。果然，柴智屏见到吴建豪就很欣赏他的气质，当场拍板让他饰演"美作"。

《流星花园》的偶像组合就在柴智屏创造的机缘巧合中很快建成，F4的演出也为贵人柴智屏带来了巨额的财富和荣誉。

贵人在寻找千里马时，会有他们自己的定位。如果你符合他们的定义，那么，你会在无意中获得他们的青睐。想要让贵人给你机会，我们需要做多方面的积累。因为每一个人的成功，都是把成功背后的帮助进行组合的结果，绝对不是你所认为的自己有多么伟大而成功的。

对于贵人柴智屏来说，这同样也是一种机遇。借助F4的人气，她获得了数百倍的经济回报。所以那些成为别人命运的舵手的贵人是幸福的，他们往往是在促成别人的好事的同时，也收获了自己的可观回报。

除了上述的机缘外，萍水相逢也需要重视。中国有句古话，人熟是一宝。要想抓住你的贵人，首先就要跟他熟悉起来。能相逢就说明你们有缘分，会抓住这种缘分的人能赢得更多的朋友。在这些朋友当中，很可能有一个就是你的贵人。假如你不断地去认识陌生人，那么你的熟人会越来越多，贵人也会越来越多。

9．把老板变成你的贵人

贵人的身影无处不在，工作中的老板也是你经常接触的贵人。倘若遇到一个好的老板，就很可能获得他的相助，在事业上有所成就。

大多数老板在做决策时都很果断，并且有着强势的领导力。面对老板时，你总会对他产生一种敬畏感。因为他给你提供平台，让你有了展示自己才华的机会，还教给你丰富的知识和经验。其实，这样的老板很有可能给你机会让你的事业扶摇直上。

大学毕业后，黄艳就去一家大型的公司做总经理助理。涉世未深的黄艳在做事情时总是有所欠缺。有时是因为紧张，有时是社会经验欠佳，有时是说话不到位，还有的时候是不懂人情世故。

总经理是一位和蔼的人。面对黄艳的过错从来都没有在办公室大声地训斥她，只是在休息时利用闲聊时机委婉地提醒黄艳。总经理希望她下次不要再犯类似的错误。除此，总经理还会很耐心地教黄艳怎么做事情、处理事情，以及什么时间应该做哪些事情等。以前的员工常犯的错误，总经理有时也会跟黄艳提起，如此，就可避免黄艳再犯这样的错误。

工夫不负有心人。在总经理的培养下，黄艳用了一年时间就成为一名经验丰富的总经理助理，现在，无论做什么事情她都能眼观八方，灵活自如。对黄艳来说，自己的老板就是自己的贵人。在处事的时候，她能够弥补自己的不足，为自己的成功铺垫出一条道路。即使公司的规模暂时不是特别大，但她学习了很多的知识。

事实上，抱着学习的态度，选择一个好老板是事业成功的关键。靠个人单打独斗在这个社会上混，已变得越来越不容易。好老板能给一个员工很多的帮助。因此，员工也会对工作越来越有信心，时间一长，能力也会获得相应的提高。

如果没有选对老板，就好比上了"贼船"，不仅不能获得机会来发挥自己的才华，还可能把自己送入一种困境。不要总以为自己有能力、有本领、有文化、有经验，就会在工作中一帆风顺。事实上，在职场上生存，实力是一方面，更多的时候，拼的是眼光、眼力。选择一个好老板，主要是你能从老板那里获得哪些帮助。

倘若你热爱你的工作，并且有着强烈的事业心，这时，就要选择值得跟随的老板。有两类老板值得你跟随：一是具有特别强的领导能力，特别有远见,很用心地发现、培养自己的下属,很注重下属的品行修养,这样的老板可遇不可求,一旦碰到就要紧紧跟随;还有一类是有想法、有理想,对成功有着渴望,但是管理能力和品行一般,这样的老板也可以长期跟随。在工作的过程中,你都可以从老板那里获得帮助。

　　李敏在一家大型的电子公司上班,在这家公司她有幸遇见了有影响力的总经理。第一次与总经理打招呼时,她特别地紧张。然而,总经理却放下身段主动走到李敏的面前,并且握住她的手,亲切地说:"听公司的其他领导谈过你,你的工作表现不错,好好干。"

　　过了几天,公司的筹备组开会,总经理看到李敏不在,就亲自去叫李敏,看到李敏有点儿腼腆,甚至有点儿紧张,总经理就想办法来缓和气氛。他微笑着问李敏:"这是我最近买的新衣服,好看吗?"李敏瞬间就好像见到了老朋友一般亲切。

　　在开会的时候,主管提到缺乏优秀的员工,总经理看着主管,亲切地说:"之前你说过,李敏的表现不错,号召其他的员工向她学习。相信大家都会做得很好。"顿时,李敏感到了一种温暖,虽然有一种压力,但是这种压力很快被使命感代替,李敏对总经理的重视怀着感情之情。

　　时间长了,李敏发现总经理是有理想有抱负的人,他心中装着的全是战略和全局,根本没时间去理会那些小事。总经理用行为给自己传递着一种理念:做人要大气,做事要负责。他以身作则用自己的行动影响着所有的员工。

　　有一次,李敏的女儿发高烧,李敏忙得没时间照顾女儿,就托自己的婆婆照顾。李敏给总经理汇报工作时,总经理说:"听说你女儿病了,你别加班了,赶快回去看看吧。"听到这句话,李敏特

别感动。总经理不仅在工作上为员工树立了好榜样,还在生活中关心员工。

李敏认为自己的老板很有魅力。她觉得这是一个值得跟随的老板,在工作中,她特别地卖力,总经理也越来越重视她。很快,李敏成了公司的高管人员。

有影响力的老板,在思考方法、工作作风和处世方式等方面都让下属尤为欣赏。所以,在工作中,双方便很容易地达成一致。其实,这样的贵人大都有让人敬佩的品格,他在看到你默默地做事时,也会心存感激。他信任下属,喜欢采纳各方面的可行的建议,更渴望优秀团队的辅佐,这也让员工有很强的事业动力。

一个好的老板就是你的贵人,所以,你要经常与贵人深度交流,取得他们的尊重和信任。要经常站在贵人的角度思考问题,拓宽自己的思维视野,让自己成长。此外,面对工作中的弊端要勇敢地提出自己的建议,尽自己的最大能力为公司解决问题,从而使自己在事业中取得好的发展。

10.老师背后的贵人力量是无穷的

教师给学生传授知识,为学生的人生道路指引方向。他们是千万个孩子的贵人,他们拥有各行各业的学生。向老师靠近,适当地结交这方面的贵人,可以使我们更具有战斗力,也是因为具有强大的战斗力,我们的事业会更广阔地发展。

老师是传道授业解惑的人。也许,他们的默默无闻和无私奉献,注定让他们在社会里成为最不起眼的人物。教师群体虽然是我们这个社会的知识分子的代表,担负着全人类的知识传播工作,但是他们的身份和地位没有普遍性地受到人们的重视，但这并不影响着老师们的奉献。虽是一份不起眼的职业，但这份职业有着独特的光鲜和亮丽。如果我们仅仅用世俗的眼光去看待它，仅仅因为它没有名利，就去轻视这个行业和这个行业的老师，那我们就太不应该了。

各个学科的老师，年复一年，日复一日地从事着他们的工作。我们不可小看，他们是在为社会的下一代播种希望。也许，他们自身是不够光芒四射，但是，他们那些成为社会名流的学生却能为他们脸上增添光彩。他们从事的工作虽然不是职业的交际家，但是，他们教出的庞大的学生队伍却能够让他们成为一个广大师生圈里的焦点对象。你要知道，他们在奉献自己、播撒希望种子的同时，手里可以举起各行各业里的精英。也不要忘记，他的学生会记住"一日为师终身为父"这句话。只需桃李满天下的老师一句话，他们的学生就能出手相助。他们可能不能直接给予我们什么，但是，分布在各行各业的学生，能间接地为我们提供帮助。或许是他们的一个电话、一句话，就能帮我们解决很大的困难。所以，老师的作用也是至关重要的，我们在结交贵人时，不要忽略了老师群体。

张林是老师中的一位代表。为了让孩子们有一个好的学习环境，以张林老师的名字命名的学校马上就要竣工了。这是一座具有现代化设施的小学，它的成功建设居然靠的是一个微不足道的老师的力量。如果不是看见小学学校的名字，任凭谁也不会想到这所学校竟然和一个名叫张林的老师有关系。

学校的校牌，让你不得不信事实。这座"张林小学"的建立的确就是张林老师的功劳。在"张林小学"还没有盖起来之前，这所小学的面貌只是几座寒酸的土房子。土房子的建筑设施简陋，随时都有倒塌的危险，尤其遇上下雨天，教室的环境更是恶劣。全校师生不仅要做好教学与学习，而且还要注意安全，心里时刻装着撤离

不要放跑你的贵人

的想法。后来,从这所小学毕业的学生钟允,在大学毕业后又回到母校教书。看到风雨飘摇的母校,年轻气盛的钟允就想为学校做点贡献。他左思右想,还是为学校筹措资金建一栋新的教学楼最实在。就在他行动的前期,他却发现,他个人的力量实在是太微薄了。于是,他就去找他大学时最敬佩的张林老师诉苦。结果出乎他的意外,张林老师听了他的想法后,居然伸出大拇指对他的想法表示赞赏,而且还让钟允放下心做这件事,至于资金方面他会想办法。

钟允听了张林老师的话,自然有点不相信,他觉得张林老师虽然是个大学老师,但是,他每个月也是靠工资过日子的人,他从哪里拿那么多钱帮助自己建教学楼?钟允就这样半信半疑地等待张老师的消息。就在钟允快要不抱任何希望时,突然接到了张林老师的电话,张老师让钟允去他那取一张银行卡。钟允很快和张林老师见面了,见面后,张老师对钟允说:"小钟啊,自从你那天从我这里走以后,我就开始去找我那些事业比较成功的学生。当我给他们说了盖教学楼的事后,他们纷纷表示支持。你看,这是一个月内收到的所有钱款,我可把它交给你了,你赶紧拿去盖教学楼吧!"

事实被证明之后,钟允惊讶得几乎说不出话了,他没想到张林老师会有这么大的能耐,能一下子筹集到这么多钱款。更让他想不到的是,在他查完银行卡上的资金数额后,发现了一片新大陆。张林老师给的银行卡资金用来盖一座教学楼太绰绰有余了,至少能帮学校盖五座教学楼。

手里拿着这笔钱,钟允的心里一下子踏实多了,他马上把这笔钱交到了学校,并在动工之初,向校领导提出请求,新盖的建筑名字一定要以张林老师的名字为首,这样可以纪念张林老师。

我们意想不到的事确实发生了,一个老师居然能在那么短的时间内筹集到建一所学校的钱，这是何等的不容易，真是一呼百应！这得有多大的号召力和人格魅力啊！现在，老师的地位和能量是不是可以让你给予重视呢？因此，平凡的老师是可以释放不平凡的力量的。那么，他们的力量来自哪里？他们的力量当然是来自在学生面前说话的分量，他们的语言绝对能比过名利场上那些"官话"、"套话"的分量。所以，即使是圆滑处世的人见到老师也会敬畏三分。

如果你愿意，请多结交些无私奉献的老师吧。他们的循循善诱、谆谆教诲，早已在千千万万学生的心田里开花结果。无论学生飞出去多远，只要一声轻轻的召唤，那些散落天下的桃李还是会念及他们的恩情的。只要他们愿意，那些学生统统都愿意为他们做点力所能及的事情，像反哺的乌鸦和跪乳的羔羊那样，来回报他们的老师。老师的无穷能量很有可能让他们成为你潜在的贵人。只要你善于挖掘老师身后的贵人，你的事业前途也将一片光明。

第三章 怎样找出你的贵人

第四章 吸引贵人的法宝

1. 注重外在的形象装扮

形象是一个人的外在门户表现，形象打扮能揭示出一个人的性格特征。能体现出一个人的气质和精神面貌，好的精神面貌能给人际关系和未来的事业加分。所以，我们要重视外在的形象装扮，这样才能为以后的事业发展铺平道路。

不同的场合在搭配服饰方面要格外讲究。有些场合必须表现得亲切，就需要你的着装大方朴实。与银行家谈事情时，需要穿得精明干练，才能博得对方信任；与文艺界人士聚会时，最好穿得时尚潮流，富有人文气息；工作时的衣着除了轻便外还要有专业权威。不同场合的不同打扮，能使个人的魅力获得完美体现。

此外，衣服的着装应适合自我与需要，不要刻意地追求独特，形成自己特有的穿衣风格会赢得大家的一致好评。不管你的收入是否能够满足我们对服装的要求，干净整洁、朴实大方是最为重要。在与人交谈时，要有亲切的言语和大方的仪态，这样可以给对方留下好的印象。

女士在穿着方面想要建立起自己的专业形象，衣着要保守，装扮要干练。女士着装以套裙为宜，短袖、长袖不拘，无袖露肩则不宜。裙子不宜过短，最好是及至膝部或膝上部。女士着装尤其避免走性感暴露路线，紧身服饰也应当避免。在穿着方面，长拖至地的衣裙不应出现。为此，我们总结了一些场合的服装搭配。

休闲在家或在家做家务时,应穿朴素的家居服或工作服;参加集会时,要以外出服为主。参加下午的集会、酒会、音乐会等时,要比上午来得正式一些,然而不宜穿有亮光或闪光之类的衣服。在参加晚宴或晚上的音乐会、戏剧舞蹈展示会时,可穿附金线丝的衣服,这样穿除了可以增加会场华丽气氛外,还可使人融入某种意境之中,可以感受到快乐的心情。

在参加义卖会或游园会时,可穿质地薄而柔和的衣服,尤其在夏季更为合适。参加野宴或户外旅行时,宜穿质地好而轻便朴实的衣服,毛线衣与牛仔裤也未尝不可。上班穿的服装,要质地讲究、耐穿、剪裁得体、颜色要朴素,这样能显示出你的衣着大方。

蓝色永远都是最正统的颜色。深蓝色对女人而言,永远不会被淘汰,而且几乎没有人排斥深蓝色,因为深蓝色象征端正、智性与冷静,看起来清爽、年轻。选择深蓝色为基本色后配上条纹的布料所做成的衣服,可形成社会地位高或厚实的形象。以蓝色为主色时,与之搭配的色彩要柔和,强调色彩最有效果的是白色和灰色。对于红色、橘红色、黄色等对立的颜色要少用,这类颜色在正式的场合不太符合时宜。

灰色是属于黑白系列之间的素色调,其变化也是无穷的,穿黑白色衣服最难搭配,但若肯动点儿脑筋,则没有任何颜色能比黑白反衬更吸引人。

褐色是泥土和枯叶的混合颜色,有温馨感,给人品格好的印象,在谈生意时对自己有利。褐色中包括如巧克力般的浓褐色,又称棕色,与其他颜色较好搭配。

另外,淡褐偏红色,给人稳重、成熟感。褐色衣服如穿着得当,可散发出都市气息,可以说是一种时髦、漂亮、脱俗的色彩。褐色的最佳搭配色是绿色,尤其是橄榄绿和黄绿更佳。而红色、橘红色、黄色等强烈对比的颜色要尽量少用。蓝色是褐色的补色,易与褐色调和。初穿褐色衣服时,不要选深褐色,应先选用柔和的中间色,再逐渐扩大范围,就万无一失了。

女人在服装的搭配上要穿出女人味。幸福的女人之所以具有无穷的吸引

力，是因为她们具有一种女人的独特魅力，那就是所谓的女人味。

对于包和鞋子方面，格纹最为典雅。带有格纹的包和鞋子，基本上与任何服饰搭配都能成为点睛之笔，当然，颇受青睐的格子裙也不错。格纹服饰的搭配之道就是全身上下最好只有一件格纹服饰，让它和素色或单色服装相碰撞，你的端庄和素雅就会在不知不觉间让人感受到。动物皮毛纹理能展现女性野性、性感的一面。豹纹的披肩、蛇皮纹的修身长裤等都是一部分成熟女性的上佳选择。因此，女性在服装的选择方面可以做多方面的参考。

在化妆方面，原则上是要注意调和，不可以太夸张，也不可以太引人注目，以身边的人不知你化了妆为宜。在公众场合不适合化妆，实在想补妆可以选择去盥洗室。不要在男士面前化妆，不要轻易借用他人的化妆品，要慎用浓香型的化妆品。注意到这些，能为你的生活常识打分。

至于首饰方面，不应该同时佩戴太多的东西，通常全身饰物不宜超过三件。手提包应该擦亮，保持干净，不能破旧不堪，也不可以放在桌上。

男士的装扮方面也需要注意，上班时着装应正式，穿西装，打领带，穿皮鞋。夏天虽然在平时可以不穿西装外套。但是遇到正式的场合还是要穿上外套，此外，还得注意与鞋袜的整体搭配。在穿西装时，男士还需注意以下几方面的问题：

第一点，当你买回西装后，要立刻摘掉袖口的标签。虽说标签是衣服名贵的象征，但男士们还是需要剪去。因为袖口的标签只是为了更方便告诉你有关这件衣服的信息，如果你为了显示你新买西服的名贵而让它外露，被别人看见，只会被人取笑。

另外，领带是西装的画龙点睛之处，领带打好后的长度相当重要，其下端应在皮带下1～1.5厘米处。对于领带的质地要以真丝为主，领带的图案与色彩可以各取所好。如果打条纹领带或格子领带的话，就不应该穿条纹西装、条纹衬衫或格子西装、格子衬衫。如果你对颜色没有很深的研究，请你慎用颜色多、花样复杂的领带，建议采用传统型的领带，比如，拥有条纹和格子的领带。

第二点，注意佩戴好你的领带夹。领带夹虽然只是一个小小的物件，但在西装的穿着上却是有所讲究的。在室外行走，可以不用领带夹，但在正式场合，例如宴会上，领带夹也是必带的。领带夹既用于固定领带，也有装饰作用。它的正确位置，是在有6颗纽扣的衬衫，从下朝上数第4颗扣的处置。不要把领带夹的位置太靠上，这样会外露在别人的视野里，不利于定位好个人形象。

第三点，衬衫一定要合身，不要穿肩过宽或领口过紧的衬衫，这些都会影响你的高大形象。衬衫的领子应高于西装衣领约1.5厘米，袖子应在西装上衣袖口之外，露出1.5厘米，这样做主要是为了西装的整洁。

第四点，想要西装显得挺括、合身，上衣里面除去衬衫和西装背心外，不应再穿其他衣服。

男士穿西装时，千万不要穿白色袜子。因为当你举手投足之间，会闪现出一道白色的亮光，让人难以接受。因此穿深色西装时，一定要记得穿深色的袜子。白色袜子适合运动时穿，这样的场合，可以尽情地展现出你的潇洒与自信。

男士上班时的服装，曾经有过严格的标准，随着时间的推移，时代的发展，现在的情况已有所不同了。今天，上班服的选择可谓多姿多彩，不过并非完全没有了规则。实际上，在竞争日益激烈的工作环境中，恰当的着装比任何时候都显得重要。如果你想攀上事业的高峰，你必须用一种特有的方式包装自己。对于着装的类型以下两方面有一定的参考价值：

第一方面，权力型衣着装扮。

剪裁精美的老牌西装是男性魅力的源泉，黑灰色调、细条子或非常浅的格子都能营造出稳重的形象。西装背心对高层行政人员来说永远是流行服饰。衬衫可以是白色、蓝色或鲜明的条子。领带和背带是衣柜中必不可少的配饰，尽可以选用得大胆一些。在西装领袋内加一条丝质方巾，再配一款象

征身份和地位的手表，让你看起来好像刚从董事会出来一样。鞋子非常重要，应该把预算的大部分花在漂亮的鞋子上，随时注意鞋上是否有瑕疵。袜子的颜色在选择方面，仅限于黑色、海军蓝、炭灰色，这些颜色是权力型的必然配置。

第二方面，注重穿着的实效性。

有很多行业的成功人士不再局限服饰的装扮，如：商业顾问、建筑师、美术设计师、摄影师和其他行业的自由职业者，都打破了传统的上班规律。还有一些更加自由的是那些在家上班的人，他们通过电脑科技与商业社会取得联络。家居办公室的衣着，最重要的是舒适。如果你属于这类人士，上班时的着装不妨以针织品为主，甚至是运动装。

事实上，服装的搭配并不是一件容易的事。想要在事业上获取成功，每天的衣着讲究需要认真地对待，因为这是你通往成功的一个窍门。

2．创造机遇，主动接近贵人

机遇有时需要我们自己创造，在创造的过程中需要时间、地点、环境等多方面的协调。只有这样才能让我们有更多的机会接近贵人，也才能为我们的事业发展提供更多的机会。因此，我们要将自己的能力、优势在创造机会的过程中得以展示，这样才能多一份机遇，多一个事业上的贵人。那么，应该怎样去吸引贵人注意，赢得贵人的机遇呢？

迪巴诺公司是纽约有名的一家面包公司，名声在纽约远近驰名。可是纽约有一家比较大的饭店从未向它订购过面包。4年来，迪巴诺每星期必去拜访大饭店经理一次，也参加他所主持的会议，甚至以客人的身份住进大饭店。不论他采取正面攻势，还是旁敲侧击，这家大饭店仍是丝毫不为其所动。迪巴诺回忆当时的情形说："我下定决心，不达目的绝不罢休。我想我应该改变一下以前使用的策略，就开始调查他所感兴趣的事情。没过多久，我发现这家大饭店是美国饭店协会的会员，相关的领导对协会的事都非常热心，饭店的大堂经理还担任着国家饭店协会的会长。凡协会召开的会议，不管在何地举行，他都一定乘飞机赶去，为此，我将他的行程默默地记在了心里。

到了第二天，再去拜访他时，我就以协会内容为话题，这次果然引起了大堂经理的兴趣，他眼里发着光，和我谈了35分钟关于协会的事情，他很开心，他说，这个协会给他带来无穷的乐趣。现在，他正准备扩大内部组织，并极力邀请我参加为他捧场。

我和他在谈话期间，没有提起有关面包的事。几天后，饭店的采购部门来了一个电话，让我立刻把面包样品和价格表送去。这是我始料未及的，待我准备好东西后，赶到饭店。采购组长在谈正事之前，笑着对我说：'你很厉害嘛，竟能使我的老板格外地赏识你。'我有点儿哭笑不得。想想迪巴诺面包公司并非无名，我向他推销了4年的面包，可连一粒面包渣都没有售出。如今我仅仅是对他所关心的事情表示关注而已，形势竟完全改变。如果我依然没有发现他所关心的事情，恐怕现在仍是跟在他身后穷追不舍呢。"

所以，你一定要记住，以对方所关心的事为话题，也许你会受到对方的重视。

除此之外，对于人际关系的交往，还有一个重要原则必须遵从。这个原则就是：经常让对方感觉到他的重要性。遵守这个原则，除了可以使你结交许多朋友外，还可避免不必要的纠纷。同时，你也会发现，幸福离你并不遥远，它就在你转身的一瞬间。

第四章　吸引贵人的法宝

不要放跑你的贵人

约翰·德思教授说过，想成为万人敬仰的偶像，是人类与生俱来的本能欲望。威廉·詹姆斯教授说过，人性的根源有股被人肯定、称赞的强烈愿望，这是人和动物的最大不同点。人类的文明能够进步、发展，这方面的因素有着不可磨灭的功劳。

每个人都想获得别人的称赞，每个人也希望获得别人的重视。但是，露骨的奉承不是人人都爱听，而发自内心的真诚赞美，却能打动人心，在交际中，能产生投桃报李的效果。

其实，赞美是一种处世哲学。赞美并不是外交家或慈善家的专用权利。任何人都可以随时随地地运用，使用它后，往往能收到惊人的效果。比如，你在餐厅点菜，服务员记错了菜名，你可以和蔼地说："我喜欢那道菜，不大喜欢这道菜的口味，麻烦你重做一份。不好意思！"

面对这种情况，服务员一定很乐意为你服务。因为我们对他表示了尊重、体谅，在相处的过程中就能起到一定的润滑作用。这样，不仅能避免争执，而且能还证明你是一个有教养的人。谁都认为自己有胜过他人的长处，所以要想抓住对方的心，千万不要忘了赞美他人的优点。因为任何人都有我们值得学习的优点。

优点是一个人的长处，用好它可以为自己创造可观的财富。但有一点儿需要注意，在他人面前不能炫耀自己的优点。因为炫耀自己会使别人觉得你自傲、自狂，由此发展，别人对你的价值定位也会由此降低。所以，对于自己的优点在别人面前要表现得保守，对于别人的优点要放在心上，好好学习。这样才有利于贵人接近你、扶持你。

在创造机遇接近贵人的同时，要力求共同的发展，这样才能在与贵人的相处中达到和谐。

美国数字设备公司（DEC）创始人兼总经理奥尔森，是曾被《财富》杂志评为"美国最成功企业家"的杰出人士，在他的带领下，

DEC经过几十年的奋斗，在强手如云的计算机领域后来居上，最后在美国的同行业中排行第二。

成功一定有原因。DEC的成功与美国研究开发公司(ARD)密不可分。1946年，ARD的成立标志着风险投资业的诞生，它是第一家公开交易的、封闭型的投资公司，并由职业金融家管理。ARD主要为那些新成立的和快速增长中的公司提供权益性融资，1957年DEC公司找到了他们，希望双方能够合作。

DEC公司刚开始时，是由以奥尔森为首的4个20多岁的麻省理工学院的毕业生共同创立，他们很有才华，但缺少资金实力。他们的头脑里有很多有关计算机的想法，在这个时候，ARD便来了，他们及时地进行了雪中送炭，投入了7万美元的资金，拥有其77%的股份。当年ARD所投入的7万美元本金到今天已增为130亿美元，市值骤增180万倍。

ARD和DEC互相帮助，携手成长。因为区区7万美元，DEC一跃成为同行业的佼佼者，带动了美国计算机领域飞速发展。而面临破产威胁的ARD公司也因为这一着险棋起死回生，成为世界风险投资业的典范，这一成功运作甚至改变了美国风险投资业的未来。ARD为之后的私人风险投资公司提供了榜样和经验，也为更多的创业者提供了机会。

想要吸引贵人，就得主动帮助贵人。学会分享，贵人就会如约而来。

3．执著追求，用精神打动贵人

如果我们请求贵人的帮助而获得回绝，在这个时候，不要灰心，要多找自身的原因，待找到症结以后，运用执著的精神慢慢打动，这样才能取得理

想的结果。

事实上，我们可以想象一下，我们的成功真的离不开贵人吗？是的，我们的成功离不开他们的帮助，离开了他们，就好像少了一只手臂，在事业上遇到的阻力会让我们停止不前。那么真离不开，我们就做一番努力，将贵人拉到我们的身边。也有可能，我们根本什么都没有做，我们只不过把所有的希望都寄托在贵人身上，妄想仅凭自己上下两嘴唇那么轻轻一碰，就不劳而获，轻轻松松地获得贵人的帮助。仅靠嘴皮子说话，难以获得贵人的欣赏。因此，人家拒绝我们也很正常，因为我们自己都没有做过多方面的努力，那别人又拿什么来帮助我们呢？

求人办事本来就是一件占便宜的事情，人家帮了我们，我们就从人家那里获得了好处，而人家却没有从我们这里获得任何好处，赔本的生意是谁也不愿意做的。相反，我们拿出点诚意来，或许能起到好的作用。

因此，我们不能作等待就有收获的美梦，要想打动贵人，我们就要主动出击，用我们的执著来证明我们的诚意，让贵人感受到我们的努力和付出，只有这样才能获得贵人的助力。

或许还有人说，我曾经三番五次地去求一个贵人，到了最后，他也没有给我帮忙。我们不能以此来论贵人的理。贵人没有帮忙，那说明我们的功课做得不够深。有这样一句古话："只要工夫深，铁杵也能磨成针。"经过时间的推移，铁杵都能磨成针，更何况是肉长的人心呢？肯定是我们还不够执著，所以才没有打动对方。如果我们真的做到位了，真的下工夫去和对方接触了，贵人的那颗心迟早会被我们的执著精神融化。

李丹是房产经纪里的工作人员。今天她走了宏运。大清早就有客户给她打电话，说要买一套几千万的大别墅，李丹听后，高兴极了，没想到天大的喜事能降临到她的头上。李丹很镇定，她与电话那边的刘老太太约好中午14：00谈合同事宜。一切都准备好后，她来到了公司，就等着这个重要客户的到来。午餐过后，时间一点点临近，李丹的心也是久久不能平静。咚咚咚，听见敲门声，可见是刘老太太来了。她打开门将刘老太太迎进屋，将合同的条条款款给刘老太太讲得很清楚，刘老太太也很爽快，提笔就把自己的名字签上了。

李丹之所以这么幸运，多亏了她前一段时间的执著。刚开始时，她手头并没有这套房源，但却有一个老太太执意要买一座大豪宅，说是为儿子准备婚房。她知道，如果她不在短时间内为这个客户寻觅到他想要的房子的话，这个客户很快就会从她手上流失掉，这不是她想要的结果。

刘老太太的事，李丹一直都放在心上，从此以后，她就跟房源较上了劲儿，通过多方打听、走访，她终于为刘老太太觅得了一处符合需求的豪宅。刘老太太看过之后觉得房屋的面积和环境都不错，唯一不太满意的是房子的价格问题。这可愁坏了李丹，她知道，她得下工夫去做刘老太太的工作了。

就这样，她每天都会按时给刘老太太一个电话。有时候，刘老太太上超市买东西，她就在外边等着，一等就是一个多小时，等刘老太太出来后，就赶紧抢过老太太手上提的东西，还替老太太提回家，不仅这样，她还经常变着花样地送一些老人家喜欢的礼物给刘老太太。就这样，过了几天，老太太终于被她感动了，就对她说："姑娘呀，通过这几天的接触，我觉得你们也挺不容易的。这样吧，作为儿子的婚房，我会慎重考虑。我再给儿子通一个电话，听听儿子的想法，过两天给你回信。"

听到刘老太太说这些话，李丹有点儿感动，她知道自己的苦心终于没有白费，长期的感情投资，终于快有回报了。就这样，她用她的执著一直联系着刘老太太，也可以说，合适的房源找到了适合

第四章 吸引贵人的法宝

它的主人,这次的收益既是出乎意料的,也是理所当然的。

李丹的故事,让我们明白了一句真理,这句话就是:"皇天不负苦心人"。也确实是这样,她为了卖给刘老太太房子,也真是煞费苦心,其中的执著是没有诚意的人所做不到的,刘老太太也正是被她这点所感动,所以才改变了最初的看法,给了李丹一个机会,也给了刘太太自己一个机会。

大多数人之所以得不到贵人的帮助,其实就败在不够执著上,大多数人不具备像李丹那样不到黄河不死心的精神。他们在被对方拒绝一次、三次、五次后,就失去了信心,最终放弃。他们自己就先放弃了,对方也就放弃了我们。有时候,成功就在于坚持,只要再坚持一下,我们就能成功了,就好比是一百步我们已经走完了九十九步,只要我们再迈出一步,我们就能获得圆满了,可是,有太多人往往在这最后的一步上失去了信心,也因此而失去了成功的机会。

有的人遇到贵人的阻力便会退缩,也有的人会将贵人的阻力变成动力。其实,最重要的就是我们的坚持。执著能让任何阻碍都消失,这也包括贵人的拒绝。不过,想要做到坚持、执著也不是一件容易的事情,我们需要去寻找一些好的方法。

我们要越挫越勇,学会自我勉励。被他人拒绝心里总会感到不痛快,我们多数人在遭到别人拒绝时,第一反应往往是心灰意懒、充满了失望,并且对贵人怀恨在心,从此就算是和他结下了梁子,老死不相往来。这样的态度不利于发展贵人,这样下去,会让我们失去身边的每个贵人。所以,我们要学会自我勉励,每当被人拒绝时,就要告诉自己:"没关系,他这次拒绝我,不代表他以后的态度,我只要表现得真诚,他肯定会帮我的忙。"唯有这样,才算做到了执著。

在追求贵人的道路上,我们可以先不言目的,直线道路不行,可走曲线。等我们和贵人投资好感情后,再让贵人帮我们做事,在合适的时机说出合适的话，往往能达到事半功倍的效果。因此，想要让贵人听我们的，首先自己要做到位，只有把事情做到位，贵人自然就为我们所用。

4．接受忠告，有利于吸引贵人

忠告是贵人的肺腑之言，也是贵人帮助他人的形式之一。因此，我们不要忽视身边的忠告，它是我们接收贵人的始发站，也是我们成就事业必经的起点站。

凡是给你忠告的贵人，会从你接受忠告的态度上看出你是不是一个可以帮助的人。如果你没有听从贵人忠告的习惯，对方就有可能认为你是一个自负的人，也可以说是一个顽固不化的人，这会影响贵人对你人格的判断。如果你是一个积极向上的人，也是一个善于接受别人忠告的人，在贵人的眼里，会觉得你是一个很不错的人。

小强从一名士兵成为一个军官，又从一名军官成为一名公务员。他的成长过程都离不开别人的忠告。这些忠告都出自于一些领导的关怀和同事们的支持，他们很平常的忠告，在关键的时刻改变了小强的前途命运。

最初，小强在教导队担任卫生员。因为教导队和支队的距离相差甚远，所以信息的收集也不是那么全面。一天，卫生队的同事来到小强的面前说："小强，最近大家都在忙报名考试的事，你怎么没有参加？"原来，这位同事准备报考军校，想让小李也参加机关组织的文化摸底考试。"我怎么不知道这个消息呢？"小强说。这位同事继续说："时间有限，赶快报名，参加文化摸底考试是你人生的重要转折点。"接着，小强打电话询问机关负责此事的协理

员。小强向协理员汇报了自己的基本情况，强烈要求参加考试。协助员帮助了他。考试的结果出来，小强的成绩不错，在这次考试中获得了最高分。后来，小强又顺利通过了总队组织的统考，实现了自己的梦想。

每次回想起这件事时，小强对这位同事充满了感激。在人生的道路上，如果不是那位同事及时地通知他，他的命运或许是另外一种境况。

每个人都会有不同的生活，每个人都会向往高枕无忧的生活，每个人都不愿意在追求理想的道路上遇到烦恼。但是，在我们的人生道路上总会遇见这样或那样的问题，我们必须正视它，寻找解决问题的方法，并听从过来人的忠告，这样我们才能在人生的道路上走得更顺利，更平稳。

一个人不管是在性格方面，还是待人处事方面，都难免会大意，会疏忽。如果这个时候，有位贵人及时来提醒我们，我们就应该对他们表示感恩。最值得珍惜的是贵人的劝导，忠告和建议是别人送给自己的最美好、最别致的礼物。

俗话说："良药苦口利于病，忠言逆耳利于行"。我们要善待别人的忠告，只有这样，别人才能给你意想不到的帮助。何况如今的社会，能够直言地指责别人缺点的人已经不多了。很少有人会冒着别人怨恨的危险来忠告别人，大多数人的表现不是漠视，就是不理。因为他们知道有些忠告会导致原有密切关系的破裂，从另一种角度来看是一件不利友情的事。所以，倘若遇到一位真心向你提出忠告的人，一定要好好珍惜。毕竟，逆耳的忠言有利于前途的发展，它会给你的人生带来莫大的帮助。

另外，在接受别人忠告的时候，你要注意以下几方面。

第一，别人给自己忠告的时候，不要逃避责任，要认真对待。不要过多地为自己辩护。辩护，只会让过失更严重，只会让问题更加恶化，也不利于找到正确解决问题的方法。

第二，别人给自己忠告的时候，要全部接受。不管对错都要全部接受，不要拒绝。如果你觉得哪里有不妥，可以慎重地加以选择，这样才能获得更多的益处。

第三，别人给自己忠告时，要以事实对待，不要强词夺理。一般来说，人们在犯了错误之后，大多会受到长辈的忠告，他们会指责我们，如果我们没有悔意，反而强词夺理，你的态度只会让长辈更寒心，他以后也不会再关心你，这对你的成长不利。

第四，别人给自己忠告的时候，如果自己有错，要真诚地道歉。如果你能够诚恳地道歉，别人一般都会原谅。比如，说："因为我的疏忽造成了这么大的损失，这都是我的错，请原谅。"

第五，别人给自己忠告的时候，不给自己找借口搪塞。要知道，每个人都会遭遇失败，当别人给自己忠告的时候，不要总给自己找很多的借口来搪塞。比如，一昧地抱怨命运不济，或者抱怨周围的人太冷漠无情，这样不但不能克服自己的缺点，反而会让自己更孤单。相反，如果你能坦诚地接受别人的忠告，你就会进步很快，一步步走向成功，而不至于在失败的境地徘徊不前。

第六，别人给自己忠告的时候，要抱着"对事不对人"的态度接受。对于别人的忠告，不要觉得对方针对自己而耿耿于怀，要仔细反省他所指责的事物。接受这些忠告，然后进行反思、改进，如果还能运用得好，就会让我们成长得更快，事业也发展得稳。

总之，忠告对于任何人来说都非常重要，只有真诚地接受忠告并做出迅速的处理，才能在这个大鱼吃小鱼的时代生存下来。

所以，人们在对待事情时，一定要及时地吸取教训反思自己失败的实例，多作总结。在人生的道路上，需要他人的忠告，利用好这些忠告可以让你少走弯路。此外，这些忠告从另一层面来说也会有利于自己事业发展。

5．不断努力，让贵人感受到你的力量

你的努力能吸引贵人的眼球，当贵人关注你时，你可以用勤奋、真诚赢得贵人的扶持，这样有助于你成功。

人生总会经历坎坷，面对失败，我们不能就此意志消沉。应该坚信："山重水复疑无路，柳暗花明又一村。"在2005年7月，生意受挫的阿明，身上怀揣着仅有的1000块钱到北京投奔朋友。他借住在朋友租住的一间地下室，因为学历不高，又没有什么专业技术，所以，他在很长的时间里找不到工作。一次偶然的机会，他在杂志上看到一则广告，那是一种特效毛巾，可以迅速把头发上的水吸干，不用电吹风，也不伤头发。他感觉很神奇，立即打电话找到生产厂家，要求为他们的产品做北京代理。他想："这是一次不错的机遇，我一定要好好干下去。"拿到样品毛巾后，阿明在一些大商场推销，可20多元一条的价格却让好多商家都不敢进货，忙了一个月，他连一条都没推销出去。在当时他几乎花光了1000元老本，他给自己下了最后通牒，如果在10之内还是销售不出毛巾，到时就让自己做乞丐吧。

一天下午，因一时疏忽坐过了站，他心里很不舒服。不过，转念一想，既来之，则安之。下车后，他看见了一家大型的饰品店。他毫不犹豫地走进了这家店铺，并试着上前推销毛巾。店里的经理听他说毛巾多么的神奇后，就让店里的一个女营业员过来试效果。试验结果非常不错，经理当场要了100条。他手里的毛巾数量不够，需要再进货，但阿明却发愁没进货的钱。当天的夜里他翻来覆去睡不着，最后，想出了一个小绝招。第二天，他再次来到那家大型的饰品店，对经理说："我们的新产品采取订货制度。您要的货只有100条，太少，而我们的发货成本很高，您必须预付一半现金才行。"经理打电话请示半天，对阿明说可以先付一半定金，但4天内必须交货。拿到一半的预付款时，已是中午12点了，阿明一刻也不敢耽误，马上给厂家打电话付款提货。第三天的下午，这批毛巾到货，阿明也拿到了自己的佣金。这让绝境中的阿明，有了重生的机会。

经过这次的成功销售，阿明找到了毛巾的主要销售渠道。他用朋友的电脑搜索出北京同类的饰品店，然后，把他们的地址电话抄下来，再一一上门推销毛巾。经过2个月的推销，阿明手里的资金宽裕了，已积累了好几万资金，终于可以不再为吃饭发愁，他现在考虑的是怎样将自己的事业做大、做强。

没过几天，精明的阿明在离北京不远的城市，找到了一家生产同类毛巾的厂家，整体质量和工艺设计、手感、色泽等比原来那个厂家强了好多，并且报价也低了三分之一。他决定重选毛巾的厂家和品牌，并且请印刷厂重新做包装，将产品变成了自己的品牌，并以低廉的价格稳住了不少客户。2006年，阿明开了一家小型的贸易公司。这几年，毛巾的销售量逐渐走俏，在一位朋友的引荐下，阿明抓住这个时机，将自己的特效毛巾迅速铺向全国，在许多大城市都设立了经销商。阿明的事业目前已获得稳定的发展。因为有贵人的帮助，阿明从一无所有到开公司，仅仅用了10个月的时间。

其实，人生会有很多的机会潜伏在你身边，如果你好高骛远，将会错失一闪而过的机会，也会错过贵人的赏识。相反，如果你有眼光，工作上又努力，贵人的到来也是迟早的事。

你是否具有职场中的贵人，主要看你的努力够不够，勤奋到一定程度

第四章 吸引贵人的法宝

不要放跑你的贵人

了，贵人自然会在你的身边。当然，贵人出现时，你要抓住机会，好好施展自己的才能。只有这样，事业方面才能更上一层楼。

当你快要弹尽粮绝时，只要再坚持一下，那么你的毅力在此刻就能吸引住贵人。当贵人来到你的身边后，你的事业也会获得相应地转机。

周稀稀被称为中国彩铃歌手的第一人。最初，他只是一个业余音乐爱好者，可是第一张专辑就被100万元买断，这让他的事业走到了一个大的转折点。

周稀稀毕业于北京邮电大学，因为迷恋音乐，做过4年的民谣，但民谣的事业道路并没有成功。在这4年中他一直在挣扎，每一天都在考虑是不是应该放弃音乐梦想，去找个正经工作赚钱养活自己。为了挣钱糊口，他开始尝试做彩铃。开始很不顺利，因为当时家人、朋友、同学没有一个人支持他的工作。他们觉得"彩铃歌手"是个不务正业的行业。周稀稀并没有气馁，他继续坚持走"彩铃歌手"的道路。终于，因为第一个彩铃作品《学校恐龙满地跑》改变了他的事业运程。在第5个年头，周稀稀遇到了自己的贵人龙乐公司的老总。他非常喜欢这首彩铃的调侃风格，更看重周稀稀的为人。用他的话来说，就是"看一个歌手好不好，首先在于他如何做人，其次才是作品"。经过考察之后，龙乐公司觉得周稀稀的创作能力大有潜力可挖，便与他正式约谈。短短的半个月的交往中，老总对周稀稀印象很好，双方一拍即合，此后，周稀稀在彩铃制作领域一举成名，成了一名职业歌手。他对龙乐公司的老总充满感激，在接受采访时一再表示："幸福是你在最困难的时候，通过自己的努力，获得你自己想要的结果。"

对于平凡的普通人，想要取得事业上的成就，必须具备良好的专业基础和能力。有了这些,在遇到贵人时,才会让你眼前一亮,耳目一新,在这个基础上奋斗,才能打开你的成功之门。

贵人的出现是偶然中的必然,只要你努力去做自己认为对的事,那么总会有一个贵人与你惺惺相惜。当然,也有一些没有获得贵人的人,他们之所以没有获得贵人,不外乎自己的努力不够,或者没有具体的职业规划。因此,在寻找贵人之前一定要让贵人感受到你的力量。

6.利用潜能发出光芒,吸引身边的贵人

如果一个人激发出了内在的潜能,就可以为自己的事业增加一层光环。在你光环的照耀、吸引下,贵人就会向你靠拢,你的人生就会掀开新的一页。

业余歌手是音乐中的另一只雄鹰,这只雄鹰也可以在事业的高空中展翅翱翔。在2004年,业余歌手香香将自己翻唱的歌曲放在网上发送,她的歌曲引起了翻唱网163888.net有关人员的注意,随后,香香便成为全国首位网络签约歌手。这家华人第一音乐社区网站也因此而获得知名风险投资机构IDG的注资,经过推广,翻唱网163888.net迅速成为当时国内最大的音乐门户网站,并改名为"分贝网",而香香则被封为"网络小天后",他们的组合迅速红遍了音乐网络。

王瑾枚是香香的原名,1999年以特招生身份进入湖南师大攻读音乐专业的本科,入学不到一学期因厌倦学校的美声,于是辍学回家当啃老族。她每天玩游戏、唱歌,然后再玩游戏,什么正经事都不干,这让她的父母有点头痛。由于香香的父母都喜欢音乐,香香的行为也由开始的头疼变为任其自由发展的态势。香香是听着港台

流行音乐长大的，从小唱歌就很好听，她会刻意去研究王菲、孙燕姿等人的演唱技巧以提高自己。到2002年9月，香香在网上看到了一个教人如何用电脑录歌的帖子，便学着在家录歌，再放到网上供大家欣赏。在短短的两年间，她用自己价值十几元的话筒和100元的声卡录制了上百首歌曲，然后传到网上，让网友听和评论。网络对于香香是一个发展的平台，这个平台不仅带给她展示音乐的才华乐趣，还为她带来了贵人。她首先通过网络被翻唱网站发掘，成了他们的签约歌手，而后，她的歌曲在网络上的点击率超过1000万次。因为点击率的机缘，香香招来了更大的贵人。2004年夏天的一天，广东飞乐唱片公司的工作人员在网上听到了香香翻唱的《江南》，觉得她对歌曲的理解与处理非常独到，比原创者唱得还好听。不久，飞乐唱片正式与香香签约，紧接着，歌手香香推出了自己的首张专辑《香香，猪之歌》，销量达到50万张。这个爱唱歌的女孩终于找到了自己的职业出路。从此，她的事业达到了顶峰。

不管你处于什么样的位置上，或者想拥有什么样的成就，只靠自己的力量，毕竟有限。只有拥有强大的团队力量，才能发展好你的事业。团队里的集体智能，当然会比一个人赤手空拳来得强。身边多些贵人支持你、帮助你、并给予鼓励，你会很顺利到达成功的彼岸。对于个人，最好做一些让贵人称奇的事情，这样能让贵人更加看重你。对于职场中的人员，对待工作只要努力、用心，不用阿谀奉承，也会受到贵人的赏识。

凡是成就大事业的人，永远处在事业的前沿方向。他们都是巨人，能造就事业的发展。对于平凡的普通人，他们的潜能一直处在沉睡阶段，只有明白这一点，他们的潜意识才能获得苏醒。因此，要想获得成功，我们必须努力挖掘出自己的潜意识，这样可以指引我们的心灵在前进的道路上畅快地行走。

第四章 吸引贵人的法宝

有一个住在美国西部小乡村的清贫少年，在15岁那时，给自己列出了"一生的志愿"。他的宏愿是：要到尼罗河、亚马孙河和刚果河探险；要登上珠穆朗玛峰、乞力马扎罗山和麦金利峰；要驾驭大象、骆驼、鸵鸟和野马；探访马可·波罗和亚历山大一世走过的道路；主演一部《人猿泰山》那样的电影；驾驶飞行器起飞降落；读完莎士比亚、柏拉图和亚里士多德的著作；谱一部乐曲；写一本书；拥有一项发明专利；给贫穷的孩子筹集100万美元捐款；等等。他一共列举了127项人生的宏伟志愿，这些志愿让很多人觉得可望而不可即，但对于这个少年来说，觉得完成这些事情是他人生中的一大乐趣。

到16岁那年，他和父亲到了佐治亚州的奥克费诺基大沼泽和佛罗里达州的埃弗格莱兹去探险，这是他首次完成的一个志愿。接着，他又按计划逐个地实现了自己的目标。到59岁时，他完成了127个目标中的106个。他为人生创造了一个奇迹，如今他是当代著名的探险家。这个少年就是约翰·戈达德。

约翰·戈达德在一生获得了一个探险家所能享有的荣誉，其中包括成为英国皇家地理协会会员和纽约探险家俱乐部的成员。

当有人问他是怎样做到这些的时候，约翰·戈达德微笑着回答说："很简单，我只是让心灵先到达那个地方。随后，周身就有了一股神奇的力量。接下来，就只需沿着心灵的召唤前进了。"

每个人都要拥有梦想，因为梦想是行动的号召力，能刺激人们成功的愿望。有了梦想的指引，心灵的召唤，我们在实现梦想时就会更努力、更执著，也能更快地到达成功的彼岸。

除此之外，压力也可以成就大事。人在面对绝境和遇险时，往往会发挥

出不同寻常的潜力。人若没有了退路，就会产生一股爆发力。这股爆发力能激发出人的心理能量和大脑潜力，能把人推到成功的边境上，加速成功的发展。

其实，每个人都有巨大的潜能可以挖掘，一般人都只使用了潜在能力的10%，有些人甚至还不到10%。或许有人会说："用了10%，我已经做得很不错了，何必再给自己施加多余的压力呢？"这种想法是错误的。

因为没有压力就没有动力，没有动力人生也就失去了意义。人类的进化常常被看做是生物进化与文化进化相互作用的结果，而且文化进化的作用越来越使人变得自信而主动，因此开发潜能的趋势和前景一片光明。我们的大脑是越用越聪明，对生活的追求也是越来越有意义。

你的脑海里是否出现过这样的感觉：因为学到了一些新知识或是完成了一项工作任务，或是对你所关注的事物有了新的发现，在你的脑海里闪现出的灵感，奇思妙想等，当你度过这一天时，你的心里会感到愉快和幸福。

这样的日子为什么会令一个人心情愉快呢？原来是你比平常更多地用脑而带来的乐趣。当然，做到这一步会有压力和困难，如果你的人生少了这些压力和困难是否会抱怨生活的平淡？其实，当我们意识到自己在成长和进步的时候，我们的自信心、喜悦之情和成就感实质上就是一种由于拥有一定的文化知识和创造才能而产生的活力。这种活力也是我们天生就有的。

当你遭遇不幸的打击时，不幸的压力会落在你的身上，这种压力不一定是坏事。它可以使你发现自身潜在的能力，你可以将这种能力转化为有利于成功的因素，转化为成就大事动力。

美国威斯康星州的约翰经营了一座农场，但不幸的命运落在了他的身上，他的身体因为中风而瘫痪，他的生活来源就靠着这座农场。现在，他的亲戚们都确信他没有希望了，所以他们就把他搬到床上，并让他一直躺在那里。约翰的身体不能动，但他还是不时地在转动自己的脑筋。有一天，他有一个念头闪过脑海，而这个念头注定了要补偿他那不幸的命运。

随后，他将亲戚们全都召集过来，并要他们在他的农场里种植谷物。他说："这些谷物可以用作一群猪的饲料，而这群猪将会被屠宰，他们的肉可以用来制作香肠。"亲戚们听了他的话在农场里种植了谷物。

几年后，约翰发明的香肠被出售到全国各地，他们的收入非常可观，目前约翰和他的亲戚们都成了拥有巨额财富的富翁。

在成功的背后，我们可以看到约翰的不幸迫使他运用了自己从来没有真正运用过的一项资源：大脑中的思想。他订下了一个明确目标，并且制订了达到目标的计划，他和他的亲戚们组成了工作团队，共同实现了这个计划。要知道，这个计划的完美实施是约翰在中风之后出现的结果。

所以，当你遭遇到挫折时，不要浪费太多的时间去算计自己遭受了多少损失；相反，你应该算算在挫折当中，你还可以获得多少收获。这样计算，并实施你的计划，你会发现你所获得的，会比你所失去的要多很多。也会因为这个结果，让你觉得人的生活其实可以很美好。

每个人都有无限的潜能，关键在于自己有意识的开发。只要开发的方法得当，就能使你一举扭转乾坤，就会使你的事业大放异彩。再加上贵人的轻轻点拨，成功也就离你不远了。

7．做一些让贵人值得垂青的事

贵人的垂青对于每个人都是一种机遇。首先你要做的就是，将自己的能力淋漓尽致地展现在贵人的面前。这样能让贵人及早地发现你，进而在日后的事业中帮助你。

香港歌手王梓轩，毕业于美国康乃尔大学，获得了心理学及现代舞双学位，还获得过大学颁发的"艺术家年奖"等多个奖项。

在一个暑假的假期，因为要赚取学费，他选择去写字楼打工，虽然投入满腔的激情却发现自己在工作中找不到一点儿人生的乐趣。他觉得这份工作激发不出积极向上的人生意义，只有进行音乐创作时，他才会感到快乐和满足。这让他开始重新定位自己的人生，希望加入娱乐圈。这个疯狂的想法遭到家人的一致反对，家人期待他毕业后找份银行的工作，稳定踏实地过日子。但王梓轩听不进父母的任何劝告，他固执地坚持着自己的理想，在人生的转折点上，他很快地获得了一位贵人的赏识。这个贵人的名字叫赵增熹，是香港流行歌曲作曲人、音乐总监、唱片监制。他自1986年起从事唱片制作，曾经担任过作曲、编曲、唱片监制、演唱会音乐总监及电影配乐等多项工作，曾与多位著名歌手合作，担任着梁咏琪、李玟、王菲、张国荣、林忆莲、梅艳芳、刘德华、杨千烨、许志安、郭富城、张学友、陈小春、李克勤、伦永亮等明星的个人演唱会音乐总监。赵增熹是音乐界的奇人，他有着高深的音乐才华和造诣，能不断地创制出令人耳熟能详的流行歌曲及专辑，他也参与电影配乐的工作，其作品《玻璃之城》及《安娜玛德莲娜》荣获提名1998年度香港电影金像奖最佳电影原创音乐奖；电影《甜蜜蜜》获得1996年度香港电影金像奖最佳电影原创音乐奖。在一次校园演唱会上，贵人赵增熹发现了正在读书的王梓轩。他发现这位学生在音乐方面具有惊人的天赋，便建议他加入乐坛。双方正式合作期间，赵增熹给王梓轩讲授了很多专业方面的技巧，并帮他释放自己的潜能，力求将他培养为歌坛的新偶像。

第四章 吸引贵人的法宝

王梓轩是幸运的，在大牌制作人的护航下，成为一个颇具潜力的新人，他在演艺学院举办了一场极为隆重的新碟《超越声音》发布会，获得许多前辈的一致看好。他心怀感激地说："很幸运，让我出门就遇到贵人赵老师，感谢老师和众多前辈的指导，我会珍惜机会好好发展。"

每个人都拥有成功的机会，但机会有时需要贵人给予你。在获得贵人帮助前，你要积累自己的才华和能力，这是你获得贵人的敲门砖。一个人能够有所成就，与他的能力、知识及胆识密切相关，因为拥有坚信不疑的信念，才能走完成功的道路。你的眼界越开阔，那么你的道路才会走得宽广，人生取得的成就才会更辉煌。

做完值得贵人垂青的事之外，还要培养一流的个性，以便更好地吸收贵人的眼球。

每个人都或多或少地拥有一点瑕疵，没有真正意义上的十全十美之人。从个性上来看，总会有这样或那样的缺陷或不足，但是只要了解、注意、并有意识地克服，就能培养出优秀的、有利于成功的个性。

一般来说，成功者都具有以下个性特征：

首先，要有诚意。诚意一般是指由热情、热心和兴奋等糅合而成的感情状态。一个对工作学习和他人抱有诚意的人。往往能弥补个性上的一些缺点。

其次，为人做事拥有理智。多看、多听、多思，才能凡事都能以明确而理智的行为来处理。在处理事情的过程中，不随意埋怨、轻视别人，即使发生在你面前的是重大事件，也能冷静理性地应变，渡过难关。

再次，对他人友爱。友爱可以使你交友广阔，建立充满善意和体贴的良好的人际关系。

然后是个人魅力。每个人都会有自己的风格。清洁、整齐、潇洒的风

格，能使你保持自然可亲的个性，如果拥有良好的教养，在无形中能帮助一个人的事业达到成功。

除此之外，还需要一种魅力。魅力是一种无形的美。每个人都可能有其独特的魅力，但是只有当我们与人交往时，我们的魅力才会被别人感受到。魅力的基本要素是神秘。魅力的神秘感体现在言语未到之时，也许是一个眼神，是手轻轻地一触，或仅仅是一种感觉；是一种内在吸引力，是教养、举止、气质的综合。魅力可以经由后天的努力去培养营造。

下面几种方法可以帮助我们培养魅力：

①注重礼貌仪态。在任何场合中，谨记以礼待人，举止文雅。

②态度开朗，和蔼可亲，特别是应该具有接受批评的雅量和自嘲的勇气。

③对别人的兴趣爱好表示关心。一般地人都喜欢谈自己，因此在与人交际时应该懂得如何让对方表露自己。

④与人交往时，经常和他们的目光接触，使对方产生知己之感。

⑤在学习方面要博览群书，使自己不至于言谈无味。

⑥慷慨大度，这样才能赢得别人的欣赏。

实际上，改善自我个性是非常容易的事，没有任何秘诀，最重要的是要有坚定的意志，凭借一定的规则和计划来自我完善。每天只要花30分钟的时间，认真学习，并提出问题，那么你的个性就会随着你的知识增长而获得改进。

另外，还要抛开不利的个性。有瑕疵的人并非一无是处，许多事例验证了这一点。有些卓越不凡幽默风趣的人，在生活中，可能是个孤僻、难以相处之人。他们通过灵活运用自己的长处，同时克服自己个性中的缺点而获得成功。要想克服自己个性中的缺点，先要分析自己的个性，同时了解优良个性的特征，以便扬长避短。

以下四种类型的人的个性不利于事业的发展：

第一种，以暴露自己缺点为荣。

有很多的人，他们过分轻信自己的直觉，自我感觉良好。对于自身存在的不足，经常挂在嘴边，生怕别人不知道，以此来显示自己是多么的严于律己，多么的敢于自我剖析。

李晃在一家外贸公司当经理。同时，他也是一位出色的推销商。平常待身边的人既热情又周到，对自己的部下也是非常地关心体贴。他的工作能力强，并且擅长开辟多种业务。

有一天，他完成了自己的工作。看见部下的工作也完成得差不多了。于是，他将部下召集在一起开会，刚开始会讲一点有关工作的内容，不知不觉，他就又像往常那样滔滔不绝地谈论起自己的事情来了。其中大部分的内容都是"爱管闲事的话题"。他虽然知道这是自己的缺点，然而还会津津乐道地讲给部下，并自以为很有趣。刚开始，部下觉得还可以接受，然而时间长了不免心中生出不满来。即使这样，部下也没有表现在脸上，因为他们大多是明哲保身型的人物，对于经理开会的话题也是左耳朵进左耳朵出。这位经理似乎也察觉到了部下们的变化，但他仍不改自己的本色，毅然决然地讲下去，直到散会。

事实上，无论是谁，也不管你从事什么工作，老是喜欢暴露自己的缺点给大家，甚至还以自己的缺点为荣，这些都是不利于前途的发展。因为大多数人都不喜欢看到这些缺点，一昧的表现只能毁灭自己的前途。

第二种，花太多的时间过分宣扬自己。

这一点与暴露自己缺点的人正好相反，有些人喜欢以自吹自擂为乐事，仿佛见到人不讲自己的长处，别人就不了解自己一样。时间一长，总让人觉得讨厌，更让人觉得此人没有什么本事。

Z公司曾有一位非常强的女公关经理,她的口才和表达才能是非常杰出和难得的。凡是接触过她的人,都一致公认,她是一位成功的女强人。但是随着时间的推移,她的事业却并不能与她的语言表达能力一样与日俱增,其口才反而成为竞争对手攻击的把柄。追其原因,可以清楚地知道,她总是爱在任何场合下,过分地突出自己,而忽略了他人的存在。常常会因为30分钟的会见,她自己用上25分钟来谈论自己,其实完全没有这个必要,因为礼节性的拜访不必这么麻烦。

第三种,经常发表悲观失望的言论。

作为主持会议的人来说,对于任何一种方案都有两种不同的意见,无论是反对还是同意,都希望听到对方最真实的声音。悲观的言论一般能使激进分子的狂热头脑降一降温,这是他们的作用所在,但是任何公司都不希望有这种人在公司,因此这类人总是被派去干些事务性的杂事,在工作中,不会委以重任。

如果你有这种情绪的话,一定要设法予以改变,即使有时需要保持沉默,也不要贸然讲出你悲观的言论,否则只会影响大家的情绪,使你在公司的形象更加的糟糕。

第四种,喜欢单干。

这类人对于工作积极肯干,质量和效率都很高。不足之处是他们总是乐意独来独往,不愿与他人合作。靠一技之长并不能使他们的事业达到顶峰,但往往只能达到中层的位置,然后只能原地踏步难以前进。

这些人大多有自己的主观因素,但更为关键的是由客观环境与条件所致。不少能力强、年纪轻的经理在为公司开拓新产品、新市场,发展新客户的过程中勤勤恳恳、竭尽全力,但正是这种单纯地认为只要把自己的工作做好,为公司作出贡献就行了的想法,使他们忽视了对周边的同仁以及自己的下属或上司的影响,没有意识到他们才是自己得以生存的条件。

因此,想要在事业的发展中有所作为,必须要考虑你周边的其他因素。只有了解了你的同事,上司与自己的关系,你的事业才会有更好更高的发展。

8. 有人情味更能受到贵人的青睐

情义,是人与人交往中自然流露的真挚情感,它可以给人以爱的感动,是一种由内而外感染他人的个性魅力。如果你对周围的人富有情义,那么你就可以赢得人心,相反,则会获得别人的唾弃。当贵人感受到你的情义时,他们在内心会暗自为你叫好。

小芳出身于农民家庭,大学毕业后没有参加工作,而直接选择攻读研究生。当然,继续学习是一件好事。但小芳的家境本来就很贫穷,在读大学时,父母对她倾注了全部的心血,为供她上学家里几乎砸锅卖铁。上完四年大学,家里就再也拿不出一分钱了。父母原指望小芳大学毕业后,能参加工作为家里的经济分担点负担。但是小芳做出执意要读研的决定后,做父母的也不好说什么,只有默默地支持她。父母只能悄悄地卖血以供她继续读研。

小芳的行为受到舆论界的纷纷谴责,人们批评小芳只顾自己而不管父母死活的自私行为。还有一家大公司的老总也谴责小芳的不孝行为,他说:"一个自私到连父母都不顾的孩子,他怎么可能对其他人负责?对社会负责?我若遇到这样的员工,即便她能力再出众,也绝不同意她在我公司工作。"

"黄金有价,情义无价",充分说明了情义的重要性。情义作为传统文化的重要组成部分,在几千年之前就受到了来自社会各阶层的普遍认可。到了今天,情义仍然是被人们重视着,它是衡量一个人基本素质的有力标准。

清华大学博士研究生小李,年轻有为,前途不可限量,导师和院长都非常看好他。然而,天有不测风云,与小李从小相依为命的姐姐突然身患白血病,急需一大笔钱。小李空有一身才能却没有这笔钱。为了挽救亲人的生命,小李只好登报求助:"我是清华大学计算机专业的博士研究生,踏实努力。因急需5万块钱为患白血病的姐姐治病,急切盼望有用人单位能录用我并预付我5万块钱的工资,我愿意与用人单位签订二十年的劳动合同。"

当天,就有用人单位打来电话。两天后,小李与一家网络公司签订用工合同。有记者采访这家网络公司的老总:"是什么促使你情愿预支这笔工资的?这种情况一般是不可能的。"老总说:"5万块钱对我来说并不算什么,但眼下却可以挽救一个人的生命,也能帮助一个很有才华可能为公司创造更大利益的人才,何乐不为?"记者又问:"你怎么敢肯定小李一定能为公司带来利益呢?万一是徒有虚名怎么办?"老总想了一下,回答道:"撇开名牌大学的效应和用工合同不说,冲着小李对姐姐的情义,我想,他不会辜负公司的。退一万步来说,万一将来真被你不幸言中,小李有更好的前途而中途辞工或者是因为能力不济,我也没什么特别遗憾的,就当是捐助了一个贫困生。"老总的回答赢得了一片热烈的掌声。

由于企业老总出手相救,小李的姐姐得救了,这位老总就是他们姐弟俩的贵人。老总的一番话也为他和公司赢来极高的声誉,业务量大增。小李也表示一定不辜负老总的厚望,放弃留校的机会跟这公司同发展、共命运。这样一来，小李事件本身的新闻效应及小李可能为公司带来的利润也为这家网络公司带来极高的声誉，换句话说，小李也成了这家网络公司的贵人。

无论是小李，还是企业的老总，他们都是有情有义的人，一个对自己的亲人充满了爱，一个对社会充满责任感，他们都会赢得大家的赞赏。两人投桃报李，互为贵人，充分说明了重情重义会赢来贵人青睐的道理。

古代哲人孟子说："生，亦我所欲也，义，亦我所欲也。二者不可得兼，舍生而取义者也。"在孟子看来，"义"是一个人最大的道德，为了"义"，可以舍去生命。他这个观点影响着中国几千年的文化发展，是思想中的不倒翁。至今，人们仍然推崇、社会仍然鼓励那些舍生取义的行为，人们都将它称之为"大爱"。

对于一个平凡的人，你或许没有宽广的胸怀，没有"大爱"的能力和机会，但你不能丧失了"小爱"的基本要求，如果失去了"小爱"的底线，你不会受到别人的欢迎和青睐。也会失去贵人的帮助。所以，想要改变这些，就要要求自己对身边的人有情有义，这样才会获得贵人的帮助，人生才会有色彩，生命也才会有意义。

在事业发展的前景中，有人情味的人在事业的发展上会更通达，究其原因是贵人尊敬重情的人。

有一只蚂蚁，因为一阵风的到来，身体被风吹进池塘里，眼看就要丢弃性命。幸好，树上的麻雀看到了这一切，心生怜悯，就丢了一片叶子到池塘里。蚂蚁趁机爬上树叶，随着叶子漂到岸边，得救了。蚂蚁感激麻雀的救命之恩，说："谢谢你救了我的命，有机会我一定报答你。"麻雀看蚂蚁这么微小，还能说出这样感人的话，心中很是敬佩。又是一天，一位猎人打猎，他把枪瞄准了树上的麻雀。而麻雀对此还一无所知。那只蚂蚁正好路过，见此情形立刻爬上猎人的脚，在猎人开枪的刹那间狠狠地咬了猎人

第四章 吸引贵人的法宝

一口。猎人突然感到一阵剧痛，一不留神，子弹就打歪了。麻雀因此保住了性命。

蚂蚁尚懂得情义，更何况是人呢？在物质占主导的世界里，真情永远是人们心中最柔软的一部分。一个有情有义的人在任何时候、任何场合都会获得人们的尊敬。

马尔克斯是世界级的文学大师。他在年轻的时候，因为得罪当局被迫远走巴黎。初到异乡，马尔克斯对当地的语言不通，因而没有工作，他极其穷困潦倒，每天一个人闷在小旅馆里，饿了就出去拣些废品变卖，然后换一些面包。这样乞丐般的生活过了两年。小旅馆的老板拉克鲁瓦夫妇不但容下了马尔克斯，而且连房租都没催过，最后还任由马尔克斯随意离去。

随着时间的推移，马尔克斯写出了作品《百年孤独》，这部作品出版后，让他闻名于文坛。于是他再次来到了自己曾经"赖着不走"、白住了两年的小旅馆。小旅馆依然如故，唯一改变的是拉克鲁瓦先生离开了人世。拉克鲁瓦夫人见到马尔克斯依旧热情如常，丝毫不记得这个曾经的流浪汉欠了她两年的房租。马尔克斯不但偿还了所有的欠款，还带去了拉克鲁瓦夫妇的偶像：嘉宝。这帮拉克鲁瓦夫人了却了与偶像见面的心愿。

马尔克斯非常感谢拉克鲁瓦夫妇，是他们的善良拯救了自己，是他们让自己明白，世界还有美好，人生还可以有梦想，正是这些美好的梦想支撑自己走进了文学大师的行列。拉克鲁瓦夫妇的宽容、善良，不仅获得了世界文学大师的敬重，还获得了巴黎人民的高度赞扬。

第四章 吸引贵人的法宝

一个重情义的人，他的周围通常会充满了掌声。在这个商业化的时代，物质上的满足很容易使人迷失本性，对金钱的渴望、权势的追逐、地位的崇拜是再正常不过的事。如果在利欲熏心的环境下，仍有人不受利益的驱使，保持着本真，珍爱身边的亲人、朋友，关注社会的人生百态，怜悯弱小，那么这样的人就是一个富有爱心值得尊敬的人。

万里教育集团董事长、英国邓迪大学名誉法学博士、清华大学客座教授、中国科学院人文研究所管理学研究员徐亚芬，就是一个以情感留住他人的典型人物。她的学校留住了很多优秀的老师，为学校的教育发展提供了良好的师资保障。

对于应该怎样"留人"与"挖人"，徐亚芬觉得，以情感人是最好的方法。她说："我发现一个老师对我们有意向，我会马上跟他谈话，跟他的太太、孩子们谈话。他们大家有什么困难，只要是我们能力所及的，都会帮忙。比如说，老师的孩子要报考学校啦，老师的太太要安置工作啦，哪怕我自己家里的人没事做，我也会优先安排老师的家属。老师们安心了，我心里也就放心了，所以老师们都很感谢我所做的一切。正是因为这种情感，老师们都愿意来这里教书。"

正泰集团的董事长南存辉，于1998年1月11日在《浙江日报》理论版发表了一篇题为《制胜之道在人才》的文章，文中提出这样一个观点："留人在钱更在情。"这既是浙商的用人之道，也是我们寻求贵人的法宝。人是高级的情感动物，做个有情人，可以争取身边人的心，也能使身边的贵人死心塌地帮助你。

9.做一个敢于担当的人

敢于担当,是一个人做事业的必备素质,拥有敢于担当的品格可能叫你失去眼前的利益,但这种做法其实是一种长线投资,它的收益在将来。

20世纪初对于美国是最严重的时期。在股市大萧条时期,著名投资人李文史顿果断地将所有巨额的股票进行了空单平仓,他的行为缓解了市场卖压;到20世纪末,香港金融危机时,李嘉诚不仅承诺不卖出股票,而且在市场陷入恐慌的时候,大量回购公司股份;在美国9·11事件中,"股神"巴菲特曾明确声称自己不会卖出一股股票。他们的行为似乎都与商人投资获利的行为宗旨相反,但他们在市场出现危机时敢于承担责任的做法,获得了人们的一致好评,最后,他们也在市场中获得了丰厚的回报。

如果一个人的性格优柔寡断,缺少魄力和担当,在事业方面就很难有成就,也很难赢得贵人的赏识。主动要求承担责任是我们成功的必备素质,也是我们成功的希望。

小赵和小刘在同一个工厂上班。两人同时起步,从最底层做起,没过多长时间,小赵就升职了,历任助理、主管、经理,而小刘还是徘徊在最底层。小刘想不明白,就跑去找总经理,他向总经理诉说自己的委屈和不满,然后提出辞职。总经理一时也不知道如何回答他,就对小刘说:"这样吧,你走之前去街上帮我给厂里的伙食团问问茄子的价钱。"小刘想想,觉得没有什么,就一口答应了。一会儿工夫,小刘就回来了,他对总经理说一块二一斤。总经理说:"哦,我知道了。那你再问问能不能便宜些。"过了一会儿,小刘又过来汇报说,买多了能便宜。总经理又说:"你问他买多少能便宜。"小刘又一路小跑过去,回来报告说,有20斤左右。总经理接着说:"基本情况我都知道了。你再看看小赵是怎么做的。"总经理把小赵叫过来,问了他一个跟小刘相同的问题:"你帮我问一下茄子的价钱。"一会儿,小赵回来了:"茄子是一块钱一元二一斤。如果买多的话能便宜一些。20斤起,可以便宜,他总共50斤,我们要是全部买下的话可按一块钱一斤。我又打听了一下,卖茄子的农家还有很多茄子,如果我们愿意长期跟他合作的话,价格还可以优惠。那个老农现在就在外面,正等着咱们这边回话。"一旁的小刘听到这里,沉默不语了。

两人同做一件事,小赵把要买的菜价信息全部给老板办好,而小刘却需要总经理一步步地交代才能完成。像小刘这样被动地行事,老板就算想给他升职也需要找到合适的名目才能升。小赵在做事时,就多了一份责任,在领导交办任务的时候,考虑到了目标和结果,并在结果出来前积极付出更多的努力,因此,他获得老板的赏识也是理所当然的。

责任感是衡量男人的最基本原则之一,如果你是一个勇敢正直,充满爱心的人就会受到很多人的爱戴和欢迎。

有一位总裁说:"我最不欣赏那些遇事不敢主动承担责任的人,如果有谁说,'那不是我的错,那是别人的责任',如果这句话正好被我听到,我会毫不犹豫地开除他。"

事实上,敢于担当是一种积极进取的精神。大量的事实表明,无论是工作还是生活,勇于负责的人最终都会获得人们的赞赏。所以,一个人要想实现自己的理想,首先就要端正自己的思想,对自己所做的事保持清醒的认识,一开始就要秉承负责到底的精神,努力培养自己良好的品质,这才是成

> 第四章 吸引贵人的法宝

功者应有的心态。也只有这样，在你最需要的时候，才会有人站出来助你一臂之力。

做大事者，除了敢于担当外，在对待他人时，还需要诚信的精神，因为诚信是成功之母。

> 小池是山一证券公司创业者，他的成功不靠别的，靠的就是诚信的品德。
>
> 小池13岁时便离开家乡，在远离家乡的城市做起了小店员。到20岁时他开了一个商店并在一家机器制造公司当推销员。有一个时期他推销机器非常顺利，在半个月内就跟33位顾客做成了生意。但他很快发现他新卖的机器比其他公司出品的同样性能的机器要卖得贵。他认为，跟他订约的客户一旦知道了，会因为被当成冤大头而感到难受。于是，心里不安的小池立即带上订约书和定金，整整花了3天的时间，逐家逐户去寻找顾客，老老实实向他们说明情况，并请顾客废弃契约。他这种诚实的做法使每一个订户都深受感动。后来，33位顾客没有一位跟小池废约，小池的做法让顾客更加放心地与他进行生意合作。
>
> 诚实是一股无比强大的力量，因为小池的诚实，人们纷纷前来小池的商店购买东西，或是向他订购机器。他很快便成了有钱人，不久就创立了山一证券公司。出身贫寒的小池成为大企业家之后说："做生意成功的第一要素是诚实，诚实像是树木的根，如果没有根，树木就别想有生命了。"

无论你做任何事情都需要一颗诚实的心，比如，做生意时需要诚实方能招揽更多的顾客，你这样做了就可以广结善缘。善缘，能使你走向成功。

10. 在贵人面前要善于表现自己

也许你很有才华，也许你很有能力，但有这些还不够。你还需要找一个平台将你的才华和能力施展出来，这个平台就是人们常说的"机遇"。"机遇"出现时，你要善于抓住它，并且要勇敢地表现自己。

我们今天都熟知的曾国藩，曾经也是个默默无闻的小卒。晚清官场上的曾国藩是那个时代的奇迹。他少年得志，事业平步青云。在京为官的14年中，他一跃从七品翰林院检讨升迁到了礼部侍郎。他的仕途宏运叫人拍手叫绝。他自己也很得意，自称是"十年七迁，连跃十级"。曾国藩的升迁基本仰仗于贵人、军机大臣穆彰阿的援引与扶持。穆彰阿把持着嘉庆至道光两朝的中央科考选拔官员的大权，门生众多，想要推荐谁，谁就会得以升迁；而他要想贬谪哪个不听话的官员，哪个官员的未来就不会有翻身之日。

当初，曾国藩赴京会试的时候，只考了三十几名。曾国藩的抱负是想进翰林院，可根据朝廷的惯例，他只能去某个部门任管事，或者去全国某一个县做县令。这对曾国藩来说，无疑是一个很大的打击。

按照规矩，他必须去向考官穆彰阿拜谢。首次相见，穆彰阿对这个来自湖南、稳重端庄的考生有了极好的印象。在交谈中，曾国藩对国事的内政外交都讲出了自己的观点，很多想法都与穆彰阿不谋而合，这令穆彰阿非常欣喜。详谈之后，他对曾国藩的文章、学问和为人处世都十分赞赏。于是，曾国藩的命运在朝考时发生逆转，穆彰阿亲自调阅了他的试卷，在朝廷的大殿上格外地向道光皇帝推荐。结果曾国藩的成绩便由殿试的三甲第四十二名，一跃而成

第四章 吸引贵人的法宝

不要放跑你的贵人

为朝考一等第二名,他的官运,从此青云直上。

曾国藩在穆彰阿的提携下,在翰林院任职时做得很顺,如鱼得水。而穆彰阿也会一有时机就对他指点、扶植。其实,穆彰阿的门徒众多,受他扶持的却何止曾国藩一个,但最终获得青云直上、飞黄腾达的却只有曾国藩一人。这是什么原因呢?除了彼此投缘之外,最重要、最直接的原因还是曾国藩个人的努力。他出身寒门,秉性淳朴,在处理事情时,不善于投机巧取,甚至成为高官显贵之后,仍然每日定下目标反省自己,绝不做任何营私舞弊的贪佞之举,是一个非常廉洁的官场官员。如此严厉的自省态度,数千年来又有几个人做获得?如果不是因为他严格自省、自律,坚持不懈的努力,即便有贵人穆彰阿的帮助,也不会起到很大的作用。

所以,对于贵人方面,我们不能小看身边的任何一个人,在结交人脉时,真诚对待每一个人。唯有这样,才能增加贵人的数量。如果有贵人赏识你,即便你的身世不显赫,在贵人面前也要不卑不亢,保持你的个人本色。这样能让贵人看到你的真实品质,从而使他们眷顾你的事业。

另外,你还可以用你的独门撒手锏——个人的魅力——打动贵人。

孙正义是一位软件投资的大赢家。20世纪80年代初,日本软银在大阪电子业展览上的活跃表现,给上新电机的藤原睦朗留下了深刻印象。上新电机同年10月24日刚刚在大阪开设了一家当时日本最大的电脑专卖店"J&P技术园",因为刚开业,急需要寻找能负责给他们提供软件产品的公司。于是,藤原想到了日本软银的孙正义。

藤原与孙正义的合作一拍即合,孙正义开始从全国各地收集软件,孙正义感觉到了美国的经济、工业方面的潜在能量和发展动向,他认为在美国兴起的潮流经过几年的时间差以后也会传到日本,所以日本软件业在未来几年将大发展。"和我合作的话,J&P

也会产生附加值。"孙正义清晰的思路和逻辑分析给藤原留下了深刻的印象。仅凭一腔热情，孙正义拿到了与上新电机签订的垄断合同，并以惊人的行动力，在一个月之内从一百家软件商店收集购买了1万多种游戏和实用软件，总额达到了4500万日元。利用这些软件，J&P举办了一个户外展览，这个构思使得J&P的销售额进一步获得了扩大，也让拥有其独家销售权的软件流通公司日本软银迈出了一大步。接着，孙正义趁热打铁，继续为日本软银的长足发展寻找下一位贵人。当时的日本充斥各类应运而生的游戏，而日本第一大软件公司Hadoson处于游戏软件中心地位，他们向市场推出的《桃太郎传说》、《星际战士》、《高桥名人的冒险岛》等游戏大受欢迎。为了拿到这个客户，孙正义曾邀请Hadoson的经理工藤裕司到大阪参加电子展，但被工藤拒绝。事后，工藤再次听朋友说起孙正义，开始对他这个人感兴趣，于是，工藤想挽回得这次难得的合作机会，他即刻让身为副经理的弟弟工藤浩约见孙正义。

会见之后，孙正义果断地提出一个让对方动心的计划，他说："我很想和贵公司签订垄断合同，以日本软银为桥梁，把你们的软件发售到全国的小商店去。"该计划令工藤浩等人大吃一惊。因为Hadoson的软件一直通过通信销售线和流通公司线两条线路销售，公司自己也开始整合自己的流通网，于是，工藤浩对孙正义说："如果签订垄断合同则会减少固有的销售额。"

孙正义沉着冷静地回答："日本软银不会用那些不规范的销售方法，我们最终会以几十倍的利润来回报贵公司的。因为我相信自己，我要把日本软银做成日本第一流通公司。"就这样，当时一无资金、二无实际业绩的孙正义仅凭不容置疑的自信和热情让工藤浩相信了自己的计划。经过谈判，工藤裕司最终同意日本软银以3000万日元的预托金取得Hadoson的垄断合同。孙正义用完美的说服力和

第四章 吸引贵人的法宝

积极的行动力让他赢得了自己的第二位大贵人,从此以后,日本软银进入了高速发展的事业期。

如果你想做一件事情,就要相信自己的能力,并且要把自己的能力和独特的个性魅力展现在贵人面前,只有如此,你的贵人才会发现你,你才可能拥有成功的机会。获得贵人的帮助后,可以更快更好地实现自己的人生目标。

第五章　拿什么来留住你的贵人

1．贵人运是一点一滴修来的

贵人运就像一张存折，存折里的钱就是你的人情关系。你对人情关系投入得越多，在收获时就会越多。因此，我们要注重人际关系的培养，这样在成就事业的过程中才会获得贵人的帮助。

小林14岁时，父亲因为重病住进了医院。高额的医疗费，花光了家里所有的积蓄，到最后是不救而亡。为了补贴家用，小林只好辍学打工。由于没有任何技术和特长，他辗转来到深圳后，费了好大的劲才在一家装饰公司做了一名清洁工。那家公司很大，楼上楼下几十间屋子，随时都要保持清洁，工作量很大，而清洁工只有小林和一位六十多岁的阿姨。张阿姨的身体不是很不好，为了供儿子上大学，她不得不出来打工。看到张阿姨过度劳累，小林很是不忍，于是，他每天提前两小时来到公司上班，等张阿姨上班时，他已经打扫得差不多了，他给张阿姨留下了擦洗等强度较弱的清洁工作。为此，张阿姨非常感激他。这样过了三年多，小林长成了壮实的大小伙子，现在，他不再适合做清洁工，经一个老乡介绍，来到建筑工地上当了一名建筑工人。没多久，张阿姨的儿子毕业了，老人也辞职回家，小林则一直在公司干苦力活。对待工作，他任劳任怨。随着时间的推移，在不知不觉中，他遇到了生命中的贵人，从

此,他的职业生涯有了转折点。

他的贵人叫王宏,是公司新调来的副总经理,年龄不到三十岁,听同事说还攻读过工商管理硕士。就在上任的当天,王总看过小林的资料后,将小林叫到办公室,对他说,现在有一个小工程想包给他干,让他下去组织几十名工人。当包工头?小林非常激动,可转念再一想:自己没有资金如何担当起这样的重任?王总拍着他的肩膀笑了笑说:"好好干。资金问题你不用担心,我让财务室预支给你。"就这样,小林成了一名包工头。为了报答王总的信任,他严格按照相关规定施工,按期交工。一年下来,他的施工队成了公司里最优秀的队伍。王总也是更加照顾他,一有工程就让他做。三年后,小林在这个远离家乡的广州买了自己的住房,他把父母妻子接了过来,让他的家人过上了好日子。他非常感激王总,在一次庆功宴上,他举杯向王总敬酒,连声说:"王总,您是我的贵人,是您改变了我的命运。"不料王总却说:"改变你命运的其实是你自己,要不是你的工程质量过关,我也不敢把工程包给你啊。"他紧握着王总的手久久不愿松开,眼睛里闪着清澈的亮光。王总又说:"我还要告诉你一个秘密。还记得那位搞卫生的张阿姨吗?我就是她那个在远方读大学的儿子。她和我聊过你,以前帮过很多的忙,让我如果遇到你,一定要好好对待你。"

在成功的道路上,想要获得成就,就要多帮助他人,多为他人服务。其实,分享与回馈是同时存在的,你如果像月亮一样照亮夜晚,那么,他人也会像太阳一样普照大地。因此,想要自己获得好处的最佳方法,就是将好处施与别人。同样的道理,愿意帮助别人实现梦想的人,其实同时也是在帮助自己赢得好运。小林帮助张阿姨保住了工作,其实也是间接地帮助了她的儿子能够继续完成学业,几年后,小林获得了回报,获得了升职加薪。不管是

第五章 拿什么来留住你的贵人

谁都需要获得别人的帮助，毕竟单凭自己的能力苦干会很艰难。人生最美好的回报大多都是自己给自己的，只要你凡事诚心诚意的帮助他人，最终你会获得应有的收获。

所以，不管是生活还是职场，从来都不会有从天而降的贵人，如果你乐善好施，那么，你认识的每一个人都有可能是自己的贵人，他们会带给你幸运，带给你财富。

另外，为了修得更好的贵人运，还需注意以下几点：

第一，在平时需要多烧香，到了急时才会有贵人帮忙。

为了你的事业前途，在人际关系中，你一定要找到生命中的支持者，并获得他的赏识。拥有生命中的贵人，你才能少走弯路，以最少的步伐最快地走向成功。

第二，与贵人平时要多来往。

人际交往不是一锤子买卖，交往一次就不用投入了。其实，这种做法是不对的。一个人可以有多种投资，为事业可以开公司，为投资则可以买股票，对于人情，可以结交更多的朋友。

出版商彼得在人际关系的建立上就很舍得花费时间。不管是大人物还是小人物，他都一律和他们搞好关系。一位素未谋面的同行朋友跑去向彼得借钱，彼得二话不说就掏出3万美元。彼得建立起了四通八达的人际关系，最后在他事业受阻时，也是来自四面八方的朋友帮助他，也因此，他度过了很多危急的时刻，事业上又重见了光明。

彼得用存钱的哲理方式来建立他的人际关系，他与别人建立良好的人际关系本来就有诸多的好处。所以，这些人际关系是你一生中最珍贵的资源，在必要的时候，会给你莫大的帮助。你储存的人际关系，有时是附带利息

的,就好比你投资理财产品获取收益一样。

有这样一则寓言故事。

黄蜂与鹧鸪因为口渴,找到农夫要水喝,并答应付给农夫丰厚的回报。鹧鸪向农夫许诺它可以替葡萄树松土,让葡萄长得更好,结出更多的果实;黄蜂则表示它能替农夫看守葡萄园,一旦有人来偷,它就用毒针去刺。听了它们的话,农夫并不开心,他对黄蜂和鹧鸪说:"你们没有口渴时,怎么没有想到为我做这些呢?"

这则寓言告诉我们:在平时就要注意帮助他人,等到有求于人时,再提出要求,才会获得他人的帮助。

只要我们生存在这个社会中,就需要获得朋友的帮助。因此,在平时就要注意礼尚往来,一旦对方门可罗雀,不能落井下石,要雪中送炭、仗义相助。

第三,多帮助一时失势的人。

每个人的人生都会经过三起三落的过程,当有人落难的时候,正是对他周围的人,特别是对朋友的考验。远离而去的人可能从此成为路人,同情、帮助他渡过难关的人,他可能会感恩一辈子。人们常说的莫逆之交、患难朋友,往往就是在困难时期产生的,这个时期形成的友谊是最有价值,也是最令人重视的。

如果遇到失势的人,要出手将对方轻轻一扶,这样能让对方获得宽慰和支持。而对于有志气的贫穷之人,该帮助时要适时的帮助,这样会使他干出一番事业,取得一番成就。

迈克是美国一家律师事务所的律师,一时失误,他投资的股票几乎亏尽,在走投无路的时候他收到一封信。是一家公司总裁写的信，愿意将公司30%的股权转让给他，并聘他为公司和其他两家分公司的终身法人代理。看到这封信时，他简直不敢相信自己的眼睛。

他按信上留下的地址，找上门去，见到总裁是一个四十开外的波兰裔中年人。"还记得我吗？"总裁问。

迈克很迷茫地摇摇头。总裁微微一笑，从他办公桌的抽屉里拿出一张皱巴巴的5美元汇票，上面夹着的名片，印着迈克律师的地址和电话。

迈克有点想不起这件事情。

"10年前的一天，我在移民局……"总裁开口了，"当时排队办工卡，排到我时，移民局已经快关门了。当时，我还少5美元申请费。如果那天我拿不到工卡，雇主就会另雇他人了。正在我发愁的时候，是你从身后递了5美元上来，我要你留下地址，好把钱还给你，你就给了我这张名片。"

迈克渐渐地有点印象，他将信将疑地问："那后来呢？"

"后来我就在这家公司工作。我有钱之后，第一件事就想把这张汇票寄出，但是一直没有这样做。因为我单枪匹马来美国闯天下，经历了许多冷遇和磨难。这5美元改变了我人生的态度，也改变了我的命运。所以，我得好好报答你，我不能随随便便就寄出这张5美元的汇票，因为这5美元不再是金钱的数额可以衡量的。"

迈克以5美元买的"原始股票"，获得了丰厚的回报。只要我们试着去帮助那些暂时不得势的朋友，就有可能获得丰厚的回报。

这就如同选庙烧香。一般人烧香都选香火鼎盛的庙，认为这种庙比较灵验，可庇护自己各方面都顺利如意。因此越是香火鼎盛的庙，越是吸引香客。至于香客寥寥的冷庙，不管这庙灵不灵，除非有神奇出现，否则只会一直持续下去。

不要放跑你的贵人

第四，主动放点儿人情债。

有一句名言是"十年河东，十年河西"。对于现代人，大多数喜欢结交现在看来就很有价值的朋友，但是，明天过后又会怎样呢？为人处世，需要用可持续发展的长远眼光看待。要在未发迹时善于结交人脉；还要善交人于未发迹之时。今天的冷庙或许在明天可能变成热庙，做事要有自己的思想，不能盲目地在别人的引导下投资。

送人情资本给贵人，是一种高明的做法。这也体现了平时烧香的微妙之处。所以，如果你想烧香，可以找一些冷庙烧，这样既能显示出你的诚意，又能赢得神仙的好感。如果遇事相求它，它也会特别的照顾。

因此，贵人运确实需要我们一点一点积累，不仅需要方法而且还需要策略。这样做了，你的人生之路就会越走越宽，就会越走越通畅。

2．贵人只为自己欣赏的人出力

想要贵人帮你，就要给他一个帮你的理由。这个理由可大可小，但至少要引起他的注意。贵人欣赏你，才会心甘情愿地相助于你，而你的事业也会因此而走向成功。

于庆波是上海菱方圆家具集团董事长，他们公司是上海家具行业中的龙头老大。于庆波在中年时期开始创业，经过辛苦的打拼，终于开创了一片属于自己的天空。

1992年，42岁的于庆波在一家家具公司的销售科工作，因为能力出众，得到上海市农场局的一位领导赏识，最后，于庆波和农场局领导共同创建菱方圆家具世界公司，他的事业之路也由此开始。

于庆波从小就非常喜爱家具制作，曾经获得上海几位名师的指点，手艺渐趋娴熟，被评定为五级工。于庆波与沪上家具研究所和情报站的同志的交情很不错，在交往过程中，于庆波在农场局贵人的指点下，对中外家具世界行情一目了然。也是这层原因，促使于庆波在不惑之年起家，于1997年11月率部挺进美国第一大城市纽约，开办了一家全美最大的华人家具商厦——美国菱方圆家具大世界。第二年五月，他在美国举办春季世界家具大展销，将美国、意大利、比利时、丹麦、中国的香港和台湾等国家和地区著名家具商纳入自己的帐下，在多种品牌的庇佑下，公司的发展前景可谓一片光明。

第五章　拿什么来留住你的贵人

在美国，每年家具的销售额达到540亿美元，其中100多亿美元家具需要进口。而在中国，因受到市场的牵制，家具制造业开工率不足40%。两相比较，美国的商机巨大。另一方面，商机虽在，但不远万里跨越重洋去征服消费者，难度可想而知。家具行业有一句名言："要想风行世界，必先角逐美国"。由此，我们可以看出，出口竞争的激烈情况，让太多想去美国开创事业蓝天的中国创业者望而生畏。但对于于庆波则不同，这位民营企业家不畏一切艰难险阻，大刀阔斧地带领中国家具进军美国市场，他的举动显得大气、英明。

假如于庆波没有获得那位官员贵人的赏识，那么他可能仍然只是个家具的爱好者，在普通的岗位上工作，直至退休。那样的话，不但中国家具行业进军国外的时机将再次被延后，而于庆波多年的知识积累和才能也难以施展。

这是一个需要成功，人才辈出的时代。为了追求更多的财富，我们必须经营好人脉。或许你没有社会地位、缺少创业资金，但凡你拥有出众的才能，就能在事业的天空中开创一片蓝天。当然这片蓝天的开启需要获得贵人的帮助，这样你的事业就能拥有希望，财富之路也会越走越宽阔。

不要放跑你的贵人

人生的财富，主要靠你的才干和身边的贵人，获得贵人的提携和支持，能将你的能力和财富价值最大化的展示出来。因此，我们要珍惜身边的贵人，善于与他们合作，这样能铺就我们事业的成功之路。

为了增加贵人赏识的砝码，还需要树立自信的人格，因为人格的力量是最可靠的事业资本。做任何事，只有拥有自己的人格魅力，那么，你的事业将会取得一定的成就。

林肯生前公正自持、廉洁自守，从来没有践踏过自己的人格，糟蹋过自己的名誉。为此，在他去世了很久之后，他的名字依然享誉世界。

其实，每个人的内心都存有两股力量，一股力量会使人们觉得自己天生是来做伟人的材料，而另一股力量却时时提醒我们："你想做到，比登天还难！"

一个人的人格也会有两面：一面是别人影响你，而另一面是你影响别人。或许你会听说："某人很有影响力。"影响力的真正含义是指这人能让其他人做某些事。一个有影响力的推销员可以使别人买他的东西；一个有影响力的企业家可能影响他人出色地做出事业，达到自己的成功；一个有影响力的外交家可以化干戈为玉帛。

拥有影响力的人，甚至可以让周围的人心甘情愿地做他们不喜欢的事。你有能力推销你自己、你的观点以至于你的目标，但你能让别人乐意帮助你去完成任务吗？为了让自己拥有影响力。首先，要相信自己和自己的能力。

美国最伟大的棒球手贝比·鲁斯就是因为相信自己的能力而被别人推举为最伟大的运动员。大约有40位著名的运动员一致推举贝比·鲁斯为美国运动史上最伟大的运动员。他们认为贝比·鲁斯善用他的天才，他给予运动界的冲击是无与伦比的。至于他的伟大，主要来源于他的自信心。

在一次世界冠军的争夺战中，大家都期盼他能击出一支全垒打而获得冠军。后来，他在对方投出两分球而未挥棒后，在第三球终于击出了一支全垒打，现场的观众看到后即刻为他欢呼，为他疯狂。

比赛完毕后，有一位队友问这位全垒打王：万一第三球失误的话，你该怎么办？

"哦……我从未想过这点。"贝比·鲁斯回答。

这就是一个人的自信表现。自信的人相信自己能完成目标。自信的人倾向于将他们的力量用在目标上，倾向于让其他的人谈他们的能力和行为，倾向于将精力集中在目标而非活动上。他们明白他们目标的价值，深信自己能达到这些目标，他们会以行动来完成自己的目标。

每个人的脑海里都有两个敌人，一个是自我怀疑，另一个是害怕失败。它们经常扯你的后腿，不让你去尝试。它们经常占用自己的资源，使得自己只能使用自身能力的一小部分。因此，想要取得事业的成功，必须从脑海里消灭你的敌人。

如果你身陷困境，在这个时候，倘若发扬艰苦奋斗的精神就能使你充满自信，也能使你在事业上获得成功。反之，则可能失败。当然，没人会喜欢困难和不幸，但聪明人把它当做成长的机会。自信的人欢迎这种奋斗，他们会觉得这是人生中的一种考验。如果不经过这种练习，自己的身体里不会充满力量。

自信的人都是敢于肯定自我的人，这类人在被别人夸奖时，他们能勇敢地承认自己的成功，而且毫无保留地表示出他的喜悦和兴奋，并且能够愉快地说一声"谢谢"。

做自己的事，让别人去说吧。自己想说什么就痛痛快快地说出来。在别人说话时，不要总是附和，要大胆地说，"我是如何看待这件事情的。"要不畏一切困难，真实地表现自己的想法。

另外,还需要宽广的心胸,要能容忍别人提出的任何意见。别人讲话不中听,在你接受不了时,也要尽量地表现出大度。只有这样,才能让你的境界获得极大的提升。

总之,要做一个自信的人,要让贵人更好地看好你。在表现自己的自信时,更要大胆地敞开自己的心扉。

3.乐观进取,让贵人能够找到你

一个人的能力是有限的,在有限的能力中想放射出事业的光芒需要借助贵人来指教。也只有贵人的帮助才能巩固和壮大我们的事业。因此,要乐观进取地对待生活、事业,只有这样才能找到精神的导师,事业上的引路人。

小王在一家公司从事销售工作,他的主要工作是销售公司的电子产品,也有一部分工作任务是给有意向的客户打电话。小王出生农村,但他有着明确的事业规划,他想用5年的时间获得自己想要的财富,并且用获得的财富买车、买房。

一天,他给一家贸易公司的李总打电话,并向李总详细地介绍了电子产品的功能。李总的公司也用得上小王的电子产品,因为对小王的为人还不够了解,李总答应小王可以买他的产品,但需要再考虑一下。

实际上,小王推销的这种电子产品在这个城市还是屈指可数的,接受这个产品需求的人也不多。小王觉得李总的回答只是为了敷衍他。事实上,小王没有明白李总的真正意思。经过这次电话后,小王没有再与李总继续联系。

在一个周末的下午,小王约了好友小孙出去散步,在游玩的期间,小王和小孙倾吐了自己的心事。小孙是一个有心人,他觉得李总还有希望,只是小王没有与李总继续联系,最后错过了这个潜在客户。小孙对小王说:"把这个客户交给我吧,我帮你搞定他。"

果然,在一周之内,小孙就与李总签了单。小王很意外,问了小孙其中的奥妙。小孙说:"其实没有什么,无非就是多打了几个电话,赢得了李总的信任。刚与李总联系时,他不是说在开会,就是说给妻子过生日。趁他在家里给妻子过生日时,我给他打了个电话,并向他的妻子表示祝福,接着真诚地邀请他来参观公司的产品,最后他来了公司,然后与我签了订单。"

小王吸取了这次教训,在以后的工作中,他做得很用心,他的客户越来越多,财富也越来越丰厚。果不其然,在不到5年的时间内实现了买车、买房的梦想。目前,他已是这家公司的销售总监,事业正蒸蒸日上。

其实,小王初创事业遇到两位贵人,一个是指他事业指点的小孙,另一个是给他财富的李总。小王是一个聪明的人,经过贵人的指教便在事业中很快地脱颖而出,并且走上成功的道路。所以,在做事业时,不要被动地等待,只有主动出击贵人才会来帮助你。也是这个因素,你的事业得以辉煌。

由此可见,在事业的发展道路上,我们在遇到困难时,要想办法解决问题,不要坐以待毙。只有这样才能找到成功的方法,获得事业中的财富。

此外,在成功的路上会遇到很多困难,努力进取是赢得贵人相助的条件。

詹姆斯·瓦特是英国著名的发明家,是工业革命时的重要人物。他的最大贡献是发明了蒸汽机。蒸汽机的发明解决了机械的动力问题,从而导致了第一次工业技术革命的兴起,极大地推动了生产力的发展,瓦特因此被称为"工业革命之父"。然而瓦特发明蒸

不要放跑你的贵人

汽机,历时二十余年,遇到了不少困难,特别是研究经费上的困难。如果不是贵人们几次相助,蒸汽机可能不会出现在人们的眼前。

1736年,瓦特出生于英国的苏格兰。因为家境贫困,瓦特没有受到良好的教育。到20岁时,为了改变家庭境况,瓦特来到了格拉斯哥市。当地最有名的大学叫格拉斯哥大学,因为没有上过大学,瓦特对大学生活充满了向往,他很想到这所大学里去做修理仪器的工人。在这关键时刻,他遇到了的格拉斯哥大学教授台克。经台克教授的引荐,他终于如愿以偿地进入格拉斯哥大学,并且很顺利地当了一名修理教学仪器的工人。

格拉斯哥大学成立于1451年,是英语国家中第四古老的大学。这所大学拥有较完善的仪器设备,有许多仪器设备瓦特没见过,他感到很新奇。这些先进的教学仪器,帮瓦特认识了先进技术开阔了眼界,同时也促进了他的求知欲望。在接触教学仪器设备中,瓦特对以蒸汽做动力的机械产生了浓厚兴趣。他觉得这是一门很有研究价值的学科,于是便开始收集有关这方面的材料。在所收集到的资料中,有不少是意大利文和德文写的,瓦特看不懂。于是,瓦特利用业余时间学习了意大利语和德语。

经过进一步的钻研,瓦特对蒸汽动力已有不少见解,掌握了一些简单的蒸汽设备的修理技术。1764年,学校请瓦特修理一台"纽可门"式蒸汽机械。在修理过程中,瓦特熟悉了蒸汽设备的构造和原理,也了解了它的缺陷:活塞动作慢,且不连续;蒸汽利用率低,浪费原料。为了改变这一缺陷,瓦特于1765年春天,经过冥思苦想,获得了一个分离冷凝器的设想,此后他致力于这方面研究。又过了一段时间,他设计出了一种带有分离冷凝器的蒸汽机。他倾其所有把机器样品制造出来,没想到这台机器四处漏气无法开动。

第五章 拿什么来留住你的贵人

不灰心的瓦特继续研究改进，很快这一耗资巨大的实验就使他债台高筑。身无分文还欠了一屁股债，瓦特不得不暂时停下研究。化学家布莱克了解到这一情况后，把他介绍给化工技师罗巴克。布莱克对罗巴克说："瓦特的身上拥有浓厚的研究价值，你帮帮他！"罗巴克详细了解到了瓦特的研究情况，他非常感兴趣，因为罗巴克在苏格兰的卡隆开办了一家较大规模的炼铁厂，他本人对科技发明也很关注，于是决定大力支持瓦特进行新蒸汽机的试制开发。此后，由罗巴克提供经费，瓦特全心投入研制新式蒸汽机。经过三年的努力，瓦特终于在1769年研制出了第一台样机。同年瓦特因发明冷凝器而获得他在革新纽可门式蒸汽机方面的第一项专利。第一台带冷凝器的蒸汽机发明了出来，但这种蒸汽机还有不少缺点，无法作为真正的动力机。瓦特和罗巴克将它推出来，走向市场后销路并不好。瓦特经过进一步地研究改进，直到蒸汽机具有了完善的功能。

因为销路不好，罗巴克的企业面临破产的境遇，最后他实在无法再支持瓦特，于是他把瓦特介绍给了另一个企业家博尔顿。博尔顿是位工程师，他经常参加各种社会活动，是当时伯明翰著名的科学社团"圆月学社"的主要成员之一。他了解了瓦特从事的事业后，不但大力资助，还把瓦特介绍进了"圆月学社"。瓦特在"圆月学社"认识了大批工程师、学者、科学家，包括化学家普列斯特等人。在和"圆月学社"的朋友交往期间，瓦特学到了不少的科学知识。

在贵人博尔顿的支持下，瓦特继续他的研究工作，不久之后，便推出了两台带分离冷凝器的蒸汽机。这两台蒸汽机耗资巨大，使博尔顿也濒临破产。而制造出来的蒸汽机仍不能令人满意，瓦特的研究成果没有获得社会人士的关注。在进退两难的情况下，博尔顿仍然慷慨相助，这使瓦特深受感动。

不要放跑你的贵人

到了1781年,瓦特在参加"圆月学社"活动时,有一位会员的发言使他深有感触。接着,他研究出了一套齿轮联动装置,使蒸汽机的研究有了重大突破。年底,他因发明带有齿轮和拉杆机械联动装置而获得第二项专利。第二年他试制出了一种带双向装置的新汽缸,由此获得第三项专利。到1788年,瓦特发明了离心调速器和节气阀。1790年,他又发明了汽缸示工器。他把精力全部用于蒸汽机制造上,终于发明了新的动力蒸汽机,对科技发展作出了巨大贡献。

瓦特的科技发明受到了多个贵人的支持,如果没有积极进取的精神,他也不会获得贵人的相助,因此,也不会取得这么伟大的发明。所以,进取精神是赢得贵人、取得成功的必要条件。

4．感怀贵人的恩情

感恩是对恩人的一种感激,一种回报。当你遇到帮助过你的人时要及时感恩,善于感恩。这样做了,当你再次遇到困难时,你的贵人才会更加乐意地相助于你。

不要认为这种说法没有事实依据,因为这个依据是经过大量的事例证明的结果。每个人都有自己的好恶,贵人也不例外,他们也会凭着自己的好恶去选择他们的帮助对象。当然,在这个竞争激烈的社会里,大多数的贵人都会选择有情有义的人。他们之所以帮助这些人,是因为机会难能可贵,应该把机会给予懂得感恩的人,并不是他们真的想获得对方的什么回报,想让对方对他们的恩情感恩戴德,而是一种想法,他们需要从别人的感恩之举中获得某种心理上的满足。如果我们连这点都不能给他们,那我们就不配获得他们的帮助。总之，在事业方面，贵人更愿意去帮助一些善于感恩的人。

天下之大，无奇不有。也会有一两个不懂得感恩的人，他们在第一次和贵人打交道的时候，就获得了贵人的帮助，在他们的心里觉得即使不感恩，贵人也是一样帮助他们做事业。他们并不知道，这种想法的严重性和危险性。这样的做法可能让他们得寸进尺，一而再，再而三地忽略贵人的恩情，把别人给予他们的恩惠当成是理所当然的事情，甚至做一些忘恩负义的事情。最后，他们终将会落得不得善终的下场。那个时候的他们，别说想获得贵人的帮助，就是想找贵人的人影估计都很难找到。

贵人第一次看走眼，但在第二次他们会睁大眼睛。有了第一次的投石问路，他们心里就有底了。贵人是有头脑的，时间长了，他们知道该帮谁，不该帮谁。若接受过他们帮助的人再次请求出手，他们肯定不会同情这些人，会义无反顾地拒绝这些不懂得感恩的人。

因此，我们要想在贵人这棵大树下乘凉，首先要让自己懂得感恩。对于要感恩，不仅要有感恩的心，更要把这种心实施到行动中，体现到具体行为上。不仅是靠嘴皮子说说，更要让贵人感受到。只有这样，他们才会找到帮助我们的理由。

> 小葛是个明事理、懂得感恩的女孩子，这也受益于家庭的熏陶以及父母的良好教育。小时候，有很多叔叔阿姨喜欢给小葛买礼物。在她接到礼物时，妈妈会凑在她的耳边说："宝宝乖，叔叔阿姨对你这么好，要记在心里，并向他们表示感谢。以后他们才会对你更好。否则，叔叔阿姨就不给你买礼物了。"
>
> 从此以后，小葛就懂得了报恩，长大以后更是如此。每次获得别人的帮助，她都会再十倍百倍地回报人家，致使她身边的人都非常喜欢她，一个个都成了她生命中的贵人。无论她遇到什么困难，

大家都很乐意出手帮助她。就连陌生人，只要和她打过一两次交道后，都很欣赏她的品格。

贵人对我们这么重要，如何才能表示出我们的诚意呢？

首先，我们要向贵人表示口头上的恩情。当然，并不是让我们只是象征性地说几句感谢的话。当我们与熟人聊天时，可以在无意中谈谈你的贵人。这样也可让熟人感受到你对贵人的恩情，从而让熟人更加敬重你。

其次，感恩要体现在行动上。这样的效果能让贵人真切地感受到，并为对方做一些力所能及的事。这样，等我们下次要求对方帮忙办事时，也会很容易。

因此，要知道，想要获得贵人的帮助，常怀感恩的心是赢得贵人相助的好武器。

除了对贵人感恩之外，还要让贵人知道你并不小气。这样，在贵人面前你才能更有力量。

有这么两个人，一个为人性格直爽，从不为事与他人斤斤计较，在物质方面，舍得为亲朋好友花钱，只要大家有事向他张口，他从来都是有求必应。而另一个人，为人处世特别小气，把钱看得很重，让他为别人花钱那简直比要他的命还难，所以，不管是和亲朋好友在一起，还是和同事一起，他从来都不主动掏钱埋单，每次都想占别人便宜。

如果你是这两个人的其中一个，你会选择谁为榜样呢？答案一目了然，我们肯定都会选择第一个人，都会为第一个人出力，对于第二个人肯定持貌视的态度，这是人之常情。谁都不愿意跟小气的人打交道，因为小气的人把钱看得重于一切，他们通常只认钱不认人，所以，他们才不管什么恩情不恩情，在他们眼里只有利益，我们即使帮了他们的忙，他们也不会对我们感恩，更不会记住我们的恩情，到时候，别说想办法偿还我们的恩情了，即便是在将来的某一天，当我们需要他们的帮忙时，他们也根本不会抱着报恩的心态来帮助我们，他们只会觉得帮助别人是件吃亏的事情。所以，这样的人不帮也罢。

贵人和我们都是一样的，他们也是普通人。但是他们的见识、人脉等有时候比我们更胜一筹。所以，他们在帮助我们的时候，也会像我们一样，首先在内心权衡一下利弊，如果人家权衡的结果是我们这个人太小气，平时待人接物太吝啬，给人家留下这样的印象，你说，人家还会愿帮我们吗？因为帮也是白忙活，谁帮助别人不是为了买别人个好，为自己的将来做铺垫呢？

因此，对于我们来说，平常为人不小气，是赢得贵人相助的一个重要方面。

第五章 拿什么来留住你的贵人

有这样一个故事。有一个人叫刘华，在外工作，经过不到两年的时间创办了自己的公司，规模是小了点，但公司的配置也是应有尽有。

大家可能不相信，这也可以理解，有时就连刘华自己也不敢相信。他之所以能够这么快就把自己的公司开起来，都是因为有小垒的帮忙。说起小垒，在他们当地，可算是个名人，因为他买彩票中过一次10万元的大奖，当时这在那个相对落后的小县城里是一件非常新鲜的事，作为小垒的好朋友，刘华当然替朋友感到高兴了。

而刘华在近期想开一家广告公司，还差一部分钱，目前烦恼着呢，这下可好，朋友中奖了，正好可以找小垒借点钱。不过，他转念一想，又觉得不妥，因为根据以往从网上看到的新闻，每位中大奖的彩民都会被前来借钱的亲朋好友给踏破门槛，到最后，弄得当事人很为难，刘华想到这里，他就犹豫了，他怕张口借钱也会带给小垒不必要的困扰，但是，目前他又实在想不到能问谁借钱，于是，只好硬着头皮去找小垒。谁知，他一张口，小垒就答应了，并

且还说:"不瞒你说,刘华,我知道中奖后肯定有很多人来借钱,我早就想好了,谁也不借,免得得罪人,不过,今天我要对你破例,因为我信得过你的为人,你平时对朋友都是那么慷慨大方,每次咱们一起出去吃饭还是玩,都是你抢着付钱,我知道你很够哥们义气,帮助你这样的人准没错。所以,我答应借钱给你,全力支持你开公司。"

刘华太高兴了,拥有小垒的资金注入,刘华的公司可以很快就成立并步入了正轨。如今,他虽然还清了小垒的钱,但是,在他心里,早已把小垒当成了大恩人,总是想方设法报答小垒当时的鼎力相助,而小垒也曾经不止一次地对他说:"哥们,好好干,你的公司一定能发展得很好,钱嘛,不着急的!"

刘华因为这个朋友的相助,他的事业有了大的发展。但事实上,他的幸运其实是他自己带给自己的,因为他平常为人不小气,所以,才给小垒留下了极好的印象,让小垒知道把钱借给他,一定不会被他辜负的,一定会获得他的回报的。所以,小垒当然愿意帮助他了,毕竟帮助那些知恩图报的人,从另外一种角度来看,也是在帮自己,说不定自己以后的发展还得靠刘华。

当然,我们不要觉得帮人就是为了求得回报,这是一种很势利的做法,这类说法是不对的。正好相反,每个人都会有私心,毕竟有投资就得有收入,即使再怎么大公无私的人,他们在做一件好事的时候也是会心有所图的,只不过他们的期许更崇高一点罢了。同样,贵人帮助我们,他们的内心也会有所图,他们或许不需要我们的帮忙,也不需要我们的回报,但是,他们还是希望能够获得我们的报偿的,还是希望我们能够从其他方面表现出对他们的感激之情的,因为只有那样,才能让他们觉得他们的辛苦没有白费,他们帮对了人,他们帮得是有价值的。

如果想要获得贵人的帮助，我们必须从感恩做起。我们先要让贵人知道，他们没有帮错人，他们会获得回报的。

5．结交贵人时，剔除功利心

功利是大多数人所追求的，在追求的过程中我们要取之有道。但在与贵人结交时，要清除功利的心理。功利，会使你的人生和事业全盘皆输。

吕不韦早年经商，后来他在赵国遇到秦国的人质、太子安国君的儿子子楚，就开始用商人的头脑一步步地干出了一番立主定国的大事业。

当时的安国君有二十几个儿子，一直没有立继承人。子楚既非嫡，又非长，所以无论是子楚的出身，还是他作为人质的境况，都处于劣势。因此，在一般人看来，子楚没有什么傲人的资本，甚至连常人都不如。吕不韦一见，却认子楚为"奇货"，可以"囤积谋利"。

随着吕不韦与子楚交往的深入，二人对彼此的了解也越来越深。吕不韦问子楚想不想返回秦国。子楚当然做梦都想回到祖国，摆脱在赵国当人质的身份。吕不韦告诉他："我有办法让你回去，而且还让安国君立你为继承人。"子楚十分感动，就承诺他："如果真得如你所说的那样，我当上了秦国国君，就封你为丞相。"

吕不韦赠子楚以黄金，令他可结识上层宾客。自己又拿出五百斤的黄金买奇物珍玩，拜见安国君的妻子——华阳夫人的姐姐，让他转告华阳夫人，规劝安国君立子楚为嗣。华阳夫人无子，愿意通过控制立嗣来巩固自己的地位。

第五章　拿什么来留住你的贵人

不要放跑你的贵人

果然，一切都如吕不韦设想的那样，并不得宠的庶子子楚就这样从庶子又是人质的地位跃上秦国继承人的地位。子楚即位后，就是庄襄王，他尊华阳夫人为华阳太后，生母夏姬为夏太后。吕不韦的回报是丰厚的，他成了秦国丞相，被封为文信侯，有钱有权。庄襄王在位三年而崩，秦王嬴政即位时，年仅13岁，秦国国事由吕不韦一手把持，嬴政还称吕不韦为"仲父"，吕不韦的权势达到了顶峰。

子楚为人质时，吕不韦并未以功利的心态对他置之不理，而当子楚回国后，他就如同鲤鱼跳龙门一般跃居高位。从而实现了自己的心愿。

一个人若想有成就，很多时候都需要贵人的帮助。究竟哪个人才是自己生命中的贵人，一定要擦亮慧眼，不要鄙视"贵人"现有的身份，也许将来哪一天他将成为你的"幸运星"。所以，剔除你的功利心，善待身边的每一个人。

幸福的生活需要我们用成功的事业获得，而获得事业成功的关键就是经营好人脉。人脉在事业中起着至关重要的作用。想要在事业的道路上获得成功，不仅需要个人的勤奋，还需要坚实的后盾——贵人。所以，从现在开始你要扩展、经营人脉。让自己身边的力量变得壮大，借助他们的力量，创造自己的财富。

除此之外，在社交方面，也需要把握好尺度。在交往时不要表现得太过功利。

张宽与同学李玉以前是多年的好朋友。自从工作以后，两个人的关系发生了微妙的变化。虽然在同一个城市，但平常也不怎么来往。可最近连着几个周末，李玉都约自己出来，每次张宽都在睡懒觉，就没出去。又一个周末，张宽好不容易起床早了一回，赶紧打电话约李玉，跟人家见一次面。李玉说我在值班，你来我们公司找我吧。张宽就爽快地赴约了。

见面之后，两人互相寒暄了一阵。李玉进入正题，说："我家先生最近写了一本小说，拿到出版社时，人家说要再改改。他都改了好多遍了，思维已成定式，你可不可以帮忙改一下？"张宽很高兴，她觉得自己的身边又多了一个作家，于是一口答应下来。很快，稿子放在她面前了。改了一点实在受不点了，她先生的写作水平还没有平时自己收到的读者来信的水平高。于是张宽借口现在没心情，工作量太大，就不改了。李玉随口就说："你明天不上班吧？今晚到我家改吧。"她的意思是熬一个通宵给改完。张宽倒吸一口冷气："最近这么热乎地约我就为这事，唉。"回想起前几次两人见面的经历，不是让她帮忙给找工作，就是向她借钱买房子，还有一次说是想她了，想到张宽家住一宿，姐妹好好说说话，张宽激动了半天。之后，才知道她老公的同学来了她不方便住在家。现在又说改小说的事，张宽心里别扭极了，于是接下来的一周，她找了种种借口推辞，这件事就不了了之。以后，一看到李玉的电话，她都有点儿不敢接。

在社交中，太强的功利心不但不能帮助自己的发展事业，还会引起人们的反感。因此，要注意维护人脉感情，因为平常的感情基础是建立在双方互惠互利的基础之上。

唐朝贞观年间，薛仁贵出生于山西龙门县，他的命运不济，十八岁时父母就双亡了，于是，他到一个员外家做了苦力。在干活期间与员外千金柳银环相爱，并在寒窑私订终身。因为居无定所，薛仁贵与妻子的衣食也是毫无着落，他们住在一个破窑洞中，在王

第五章 拿什么来留住你的贵人

147

茂生夫妇的接济下才得以继续生存。后来，薛仁贵跟着秦王李世民南征北战，立下赫赫战功，被封为平辽王，一时王公大臣都来送礼祝贺，其中不乏阿谀奉承之辈。薛仁贵一一谢绝了他们的贺礼，唯一收下的还是平民百姓王茂生送的两坛普通的"美酒"。负责启封的执事官打开酒坛时，大惊失色，原来这里装的不是美酒，而是清水。薛仁贵不但不觉得王茂生是在戏弄自己，反而当众饮下三大碗清水。面对众人的不解，薛仁贵说："我落魄时，全靠王兄夫妇的资助，是他们成就了我今天的荣华富贵。他今天虽然只是送来了清水，我知道这是因为贫穷的缘故，这两坛清水也是兄弟的一番美意，这就是'君子之交淡如水。'"那些送来重礼的王贵大臣都羞愧不已。此后，薛仁贵与王茂生一家关系走得更近了。

有时，在人脉交往中，今天的付出不一定今天就有收获，或许是明天、后天⋯⋯甚至会是10年、20年之后。所以，为人处世最好不要只看眼前的利益，还要用长远的眼光看待明天。

王茂生送清水给薛仁贵主要的寓意是："君子之交淡如水。"什么事情都要顺其自然，没有功利心，因为真正的情谊需要长期的感情投资，需要剔除功利。这情的感情才算牢固，才能给事业带来帮助。

6．真诚待人，做人有诚信

真诚是待人必备的素质，在与他人的相处中，要真诚，言而有信。要做到："言必行，行必果。"这样做了，你才会结交真正的朋友，在进取的道路上也会多一个人帮你分担忧愁。

诚信是什么？我们不妨来看一个例子。

第五章 拿什么来留住你的贵人

曾子的老婆要到集市去，他们的儿子非要跟着一起去。可他又不听话，一边跟着她走，还一边哭。曾子的老婆忍受不了，于是对儿子说："宝宝乖，你一个人先回去等我，我回来后杀猪给你吃肉。"儿子就乖乖回家了。曾子的老婆从集市回来一看，没想到曾子真的牵来一头猪来杀。老婆拦住他说："你疯了吗，那不过是哄哄小孩子的。"曾子一脸严肃地回答："怎么可以这样哄孩子？他不懂事，什么事情都以我们为榜样，所以也听我们的话。如果你说了杀猪给他吃肉却没做到，这不是欺骗他吗？这样做，怎么能够把我们的孩子教育好呢？"说完，曾子就把猪杀了。

诚信是天下行为的标准。对于古代的圣贤来说，诚信就是一项崇高的美德。而品德是诚信的重要组成内容，没有品行就没有财富。美国一家杂志通过对1300名富翁的调查发现，他们无一例外地把诚实信用摆在第一位。美国作家爱默生说："人生最美丽的补偿之一，就是人们真诚帮助别人后，同时也帮助了自己。"

诚信是做人的根本，经商的基础。诚意可以为你带来贵人。每个人的一生都少不了贵人的帮助。我们应该谦虚地对待身边每一个可能的贵人，广结善缘，要有"海纳百川，有容乃大"的气度，唯有如此，贵人才会出现在我们的身边。

在一次《商务谈判》的专业课上，平常上课总是提前到教室的X大学大三学生小刘很少见地迟到了。课后，他满怀歉意地向教授说明了自己迟到的原因。原来他因为在寝室查询别人购买域名支付的费用是否到账，而耽误了上课时间。没想到教授不但没批评一句，还要他写一份商业计划书，然后到聚集着许多大老板的高级管理人员培训班上作演讲，说不定能获得一笔投资。原来这位教授正

好在武汉大学就读高级管理人员培训班，因此结识了一些同学，他们大多都是身价千万的企业老板。小刘如获至宝，他在学校精心准备了两天，查阅了大量互联网行业的报告，然后来到武大高级管理人员培训班，面对20多位企业老板进行了精彩的融资演讲。

最初，他讲了自己的创业经历。早在2年前，小刘开始制作自己的网站，并在网上代理域名和虚拟主机，因其费用较低，赢得不少网友的青睐。见有利可赚，小刘又拿出4000元购买了一家网站，进一步扩大了生意规模。后来他的网站知名度越来越高，有人愿意出4万元购买。见网站生意大有前景，颇有商业头脑的小刘冒出一个更大的想法：要开一家属于自己的网络公司，启动资金大约100万元。目前，因为资金问题，他不得不站在演讲台上。

小刘从自己单独运作的网站讲起，讲这个行业的发展前景，讲自己是如何利用业余时间不到两个月就发展了800多个客户的实例，讲成立公司后又该如何运作，讲成立公司后第一年赚100万元是如何计算出来的等。他一边现场演示创业报告，一边面对专业质疑，一连演讲了90分钟。在场的20多名学员都被这个创业计划打动，之后的两三天，有十多位企业老总对小刘的项目产生了兴趣，愿意把钱交给他去打理。不久，7位股东共出资120万元，武汉完美网络服务有限公司顺利开张，公司以域名注册、虚拟主机等业务为主，小刘出任董事长，目前有大学生员工20多人。现在公司已经步入正轨，每个月的收入达到双倍的增长。

在一位的贵人指导下，小刘主动出击，赢得了更多更有实力的贵人的帮助，大大缩短了自己的创业历程，用90分钟的演讲演绎了一段传奇的融资创业经历。

成功人士的背后必然有支持他的贵人，当然，成功的人士也会用正确的方式去拓展人际关系，所以无论到哪里，似乎总能找到贵人的扶持和鼓励。如果你平凡普通、身份卑微，面对那些成功人士时，不要因为自己低于对方的身份而束缚你的本色。你要保持你的本色，不卑不亢，积极主动地出击，让你的真实本色及独特个性去吸引贵人的关注。如果你具备良好的品德，踏实肯干的精神，以及成就大事业的能力，在平时又善于结交人脉，那自然也会获得贵人的提携，实现自己的崇高理想。

诚信为人，能为自己的事业带来帮助。只有那些信守承诺的人才能够获得别人信任，才能获得事业的成功。相反，则不然。

邹礼忠是某商务休闲服务中心的负责人，他为人处事以诚信为准则。他凭借诚信经商赢得了顾客的心，同时在遇到事业的低谷期获得了贵人的扶助。

邹礼忠的家境非常贫寒，当他念完小学后，就不得不辍学回家。到18岁时，邹礼忠决定到兴义市民族商品厂当维修工，每月的工资180元。在同年，父亲病逝，一家人的生活更是揭不开锅。为了养家，邹礼忠决定下海经商。

最初，他做服装生意，当时在杭州进货，然后运到兴义卖。由于做服装生意的商人少，市场的需求量大，有一些服装商人以次充好，用大减价、大甩卖招揽顾客。邹礼忠始终坚持自己经商的原则，宁可少卖，也不掺假。经过时间的验证，消费者发现在别的地方买的衣服爱抽纱、打褶，而邹礼忠那儿的服装质量可靠，从未出现过这样的情况。这使消费者更加钟情于邹礼忠的店铺。随后，他又开了一家洗染店，在4年之内积累了不少的财富，在兴义市是出了名的大老板。

生意越来越红火，邹礼忠打算做大自己的生意。他认为，黔西南州素有金三角之称，资源、能源和劳动力都十分丰富，办铁合金

第五章 拿什么来留住你的贵人

厂可以就地取材，有很大的利润空间。

于是，邹礼忠着手准备成立一家铁合金厂。建一座小型铁合金厂需要100多万元的资金，而邹礼忠的全部资产只有50多万。他开始四处求人贷款，借高利贷，过了一年以后，他的铁合金厂开始了正常的运转。世间的事情难以预测，正当邹礼忠在前院奋斗时，他的后院却燃起了火苗。国内的经济形势有了新的改变，西方国家的经济制裁使铁合金产品价格跌入低谷，当地政府为了保证农村用电，批示所有高能耗企业暂停生产。在内忧外患的情况下，铁合金厂投入生产仅仅运转3天便被迫停产。

事业之路不顺畅，加上外来的债务，邹礼忠的事业眼看就要泡汤。就在他彻底绝望之际，他的诚信口碑帮了他的忙。由于他从不拖欠电费，不违章用电，一家电厂向他伸出了援助之手，由电厂向建行贷款30万元，拨出15万元给邹礼忠作生产流动资金，并在向上级申请后，恢复对合金厂的供电。电厂的及时援助，使铁合金厂才重新获得了继续运转的活力。然而，虽然能生产出产品，但如何销售自己的产品？目前，无论是国外还是国内，在销售方面，都难以找到突破口。在这紧急关头，冶金进出口公司的经理徐虹望着眼前这位焦头烂额的汉子，对他的处境深表同情。为人仗义的徐虹帮邹礼忠联系了一家单位，这才使得邹礼忠卖出了几十吨硅铁。为了事业车轮能够转起来，邹礼忠亲自上阵做起了推销员。经过不断地摸索，千辛万苦的邹礼忠终于找到了铁合金市场的销路，他的事业之路也逐步走上了正轨。

在铁合金的经营中，邹礼忠一直遵循诚信之道。一次，一位广东客商向他定购了50吨货，要求全部是一级品。由于停电影响，交货时还差100公斤。两位员工私自将100公斤二级品混装上车，想要蒙混过关。邹礼忠知道后立即驱车追赶，追回了那100公斤二级品。

邹礼忠说:"作为一名生意人,我们首先要弄清楚一件事,我们的钱是谁给的?是客户!……如果你连自己的衣食父母都不知道诚心对待,那我们的企业如何发展?"

由于邹礼忠做生意以诚信为本,给客户的心里留下了美好的印象。自此以后,他的事业也是越做越大,财富也越来越多。

因此,想在事业发展的过程中立于不败之地,就做一个讲究诚信的人,这样不仅能获得他人的信任,而且更容易获得贵人的青睐。

7.不要强求你的贵人,贵人会在你需要时伸出援手

无论你多么伟大,多么厉害,在人生的道上,都需要获得贵人的帮助。但是,人际关系的互动不可能一直持续良好,也有不和谐的时候。在这种情况下,你要用正确的方式来维护你的贵人,只有这样才能留下你的贵人。

在一次婚礼中,因为机遇的缘分,以探讨两性关系出名的康作家意外地遇到了著名出版商王先生。他们虽不相识,但康作家对这位王先生早有耳闻,一直苦于无法结缘,今天意外撞到,格外惊喜,便主动上前攀谈。谈话间,康作家表示自己马上要出一本新书,希望请王先生帮忙写一篇序言。可是,王先生对康作家的写作风格并不感兴趣,也从不看他的书,便想婉拒。谁知康作家从包里飞快地取出一篇书序,表示只要王先生挂名即可。虽然序言写得实在不怎么样,可盛情难却,王先生只好勉为其难地答应挂名。一周之后,康作家又给王先生打来电话,说既然王先生已经挂名推荐,不如送佛到西,利用他们公司的发行渠道帮忙再推

不要放跑你的贵人

销一下。

这位出版商本来是一个乐于助人的人，但这位作家的做法实在不能忍受，他只想着自己，不顾别人的感受，以强迫的方式苦逼贵人做决定，结果引起了他的反感和不满，马上要求撤掉序言上的署名，告诉秘书不再接听该作家的任何电话和信件。康作家变本加厉的要求引起了王先生的反感，最后使一个潜在的贵人离开了他，康作家的行为值得人们深思。

能不能获得贵人的相助，最重要的因素在于自己的努力，不是强迫，也不是临时抱佛脚，这需要长期的累积。在和贵人互动时，不要过于积极主动，如果太过直白地表达自己的企图，会让对方压力很大，也会使对方产生防备之心。同时也不可提出过度要求。假如你没有考虑他人的立场和感受，冒昧地提出令人感到麻烦的要求，可能会让对方反感而导致愿望落空。很多人在这方面的理解都有一定的误解，他们觉得别人对自己好是应该的，当然，这种意识用到贵人身上会起到反面的效果。毕竟，让贵人主动来帮助你不是他们的义务。无论你的要求有多么微不足道，也不能强求别人，不能只想到自己的需要，不顾及对方的难处。一旦贵人觉得为难，就算这次勉强帮了你，他们的心里也会不痛快，这在以后的事业发展中也得不到好的结果。

福特是美国石油大王洛克菲勒的好友，也是帮助洛克菲勒创建标准石油公司的伙伴之一。但有一次，洛克菲勒与福特合资经商，因福特投资失误而惨遭失败，损失巨大，这使福特心中颇感不安。

有一天，福特走在路上，看到洛克菲特与其他两位先生走在他后面，他觉得没脸回头，假装没有看见他们，一直低头往前走。这时，洛克菲勒叫住了他，走上前拍了拍他的肩，微笑着说："我们刚才正在谈有关你的事情。"

福特脸一红，以为洛克菲勒要责怪他，于是他说："太对不起了，那实在是一次极大的损失，我们损失了……"

想不到洛克菲勒若无其事地回答道："啊。我们能做到那样已经难能可贵了。这全靠你处理得当，使我们保存了剩余的60%，这完全出乎我的意料，谢谢你！"

洛克菲勒没有因为福特没把事情办好而去埋怨他，相反还找出一堆赞美和感谢的理由，这真是出乎福特的意料。此后，福特更加努力地做事，不仅为洛克菲勒挽回了损失，而且还为公司赚了不少钱。

第五章 拿什么来留住你的贵人

我们可以设想一下，如果当时洛克菲勒气势汹汹地对福特说："因为你一人的失误，给公司造成了巨大的损失，损害了全体员工的利益，你拿什么来弥补？"或许这样的话一出口，当场就能逼走你的"贵人"，因为你的一席话，又给他增加了千斤压力和迫力。但是洛克菲克就是洛克菲勒，不愧是石油大王，他没有强求自己的贵人，而是为他拨开心中的乌云。从而让他从新站起来，为公司创造了丰厚的利润。

多一份对别人的体谅，少一点强求别人，甚至在别人需要的时候去帮助他们，别人定会心存感激。也因此你就为自己积累了一个贵人。而如果一味的强求别人，埋怨别人，你的人生也将会失道寡助。

朋友历尽周折，因为某种原因而没有办成你所托之事，你不但没有感谢和体谅之词，反而责怪朋友没有帮你办成事，甚至给朋友脸色看，如此一来，你将会失去身边的贵人。

有一个在北京工作的记者，春节时准备回老家过年，但他临时有采访任务，抽不出时间提前去买火车票，于是他托付一个好朋友替他去买票。

朋友马上跑到火车站,排了两个小时的队,轮到他时,火车票卖完了。朋友无功而返,记者心里很不高兴,不但连一句感谢的话都没有,还觉得朋友耽误了他的行程,给了朋友一个难看的脸色。

朋友排了两个小时的队,虽然没买到票,但没有功劳也有苦劳,可最后却连一句感谢的话都没听到,相反还被埋怨,因此记者失去了这位朋友。当然,这位朋友再也不会帮记者办任何他能办到的事情了。

一个会交友办事的高手,在朋友帮自己办事未成时,也会适时地感谢对方,这样既维系了原来的友谊,又为以后的交往打下了坚实的基础。

在求人办事时,有许多人存在这样的心态,对方帮自己办事,如果办成了,理所当然地要感谢对方。如果事情没有办成,就认为不必感谢对方了,甚至埋怨对方。其实,这种心态是十分错误的。

交友办事,不管对方是不是把事情办成了,都要懂得宽容和体谅别人。在现实生活中,求人办事并不是一锤子买卖,这次由于某些原因对方没能把事情办成,可能下次有机会可以帮你把其他的事情办好。如果你认为无功不受禄,总是强求和埋怨别人,别人一定会认为你没有人情味,以后绝对不会再帮你的忙了。

所以,高明的人在帮助别人时往往会急人之所急,需人之所需。这种做法无疑也为自己的成功起到铺垫的作用。

8. 只有投资感情, 才能增长收益

一切事业都必须先进行投资,而后才会获得回报,贵人也是如此。贵人是一段特殊的人脉,在经营中要精心呵护,只有和贵人形成牢固的关系后,才会在以后的事业发展中获得对方的庇护。

第五章 拿什么来留住你的贵人

泰国有一家有名的亚洲顶级饭店泰福，生意好得不得了，几乎天天宾客临门，想在那里用餐，顾客不提前预订是很难遇上入住机会。饭店的客人大部分来自西方发达国家。尽管泰国本国的经济在亚洲算不上发达，但由于这家饭店的红火，为泰国赚足了面子和荣誉。

有一天，美国企业罗勃·斯皮尔因公务出差到泰国，一次偶然的机会正好下榻在此家饭店。良好的饭店环境和服务给他留下了深刻的印象，而且服务员友好的服务态度让他更生好感。可是后来由于业务调整的原因，斯皮尔有3年的时间没有再去泰国，可是就在斯皮尔生日的时候却突然收到了一封泰福饭店发来的生日贺卡，里面还附了一封短信，内容写道：

亲爱的斯皮尔：

您已经有3年没有来过我们这里了，我们全体人员都非常想念您，希望能再次见到您。今天是您的生日，祝您生日愉快。

斯皮尔读完信后，感动得热泪盈眶，发誓如果再去泰国，绝对不会到任何其他的饭店，一定要住在泰福饭店，而且他要劝说身边的所有朋友也像他一样选择泰福。

这是斯皮尔的亲身经历，也是感情投资的效果，每个人都希望受到他人的重视和关怀。如果仅仅作为一名普通的顾客，时隔几年，别人还惦记着你的生日，记着你上次来的日期，不管是谁也是感动的。对自己的老顾客进行感情投资是为了维护他的忠诚，那么对那些潜在的客户进行投资则是为了发展其成为新客户，这需要更多的恒心、耐心和技巧。因为只有长期的积累和投资才会获得打动更多的贵人，进而才能实现丰厚的回报。

其实，每个人的生活中都会有很多的贵人，他们也总是在我们遭遇难处

不要放跑你的贵人

的不同时间段出现，因此，贵人对于我们来说也是一种命运的"赏赐"。至于这种"赏赐"，我们要用真诚的感激，并且进行长期的关系经营，只有这样，贵人才会融入到我们的人生中。

所以，事业中的人们更应该注重人情的感情投资，因为人情是成就事业的资本。只有好好投资，才会让事业更上一层楼。因此，在事业的发展过程中，人们要珍惜身边的贵人，并用心经营好你与贵人的关系。这样一来，才能打好事业上的基础，才有可能打造出一片属于自己的事业天空。

美国著名的无线电企业摩托罗拉的创始人保罗·高尔文曾说："摩托罗拉除了拥有人力资源外，其他的一无所有。"正是凭着这些人力资源，凭着对员工的爱心和关心，最后使摩托罗拉企业达到了辉煌的境界。

保罗·高尔文取得下属的信任的法宝是什么？最重要的原因是他对下属的关心，他非常重视别人的尊严，他总是喜欢奖励那些富有创造能力的人，并认为权威应该属于勇于负责的人。高尔文将对人们的关怀拓展到对他们雇佣关系之外。当他听到自己的雇员的家人生病了，他就会打电话慰问："你真的找到最好的医生了吗？如果有问题，我可以向你推荐看这种病的医生。"由于他的努力，雇员们一般请不到的医生都被他请来了，而且医药费都是由他替员工的家属支付。

公司里有一位叫比尔的采购员，他在经济状况不好的情况下，因得牙病而不得不迟延急诊时间，因为他实在没有这个经济能力。高尔文得知这一情况后，马上把他的牙医的姓名告诉比尔，并叫他马上去看病。当手术完成后，费用为2000美元，这对当时只是个普通员工的比尔来说，无疑是个天文数字。不过，比尔从来都没有看到过这个账单，每次他向高尔文询问的时候，高尔文总是非常干脆地回答:"我会让你知道的。"

又过了几年,比尔的生活有一定的改善,他坦诚地告诉高尔文,他坚决要求偿还高尔文替他支付的费用,高尔文叫他不必如此在意这件事情。比尔回答:"不,一定要还的,偿还了之后,你就可以用这些钱去帮助其他的员工医治好牙病。"

在一个好的企业里面,所有的人都是重要的,而且大家都是平等的。在一位优秀的领导者眼里,每个部门的人员都是非常重要的,无论他们担任什么样的职位,他们都是公司里的一分子,只是分工不同而已。

一个企业的领导懂得如何去关心别人,并且能够设身处地地为别人着想。那么别人也会被领导的这种精神感动,为公司出力。也只有这样,你才能永远地获得别人的关爱。你遇到麻烦的事,自然有一帮朋友站在你的面前,为你出谋划策解决问题。

法兰西第一帝国及百日王朝的皇帝拿破仑,在布伦时,白天骑在马背上东奔西跑,巡视各地,检阅部队,晚上常常工作到深夜,百忙之中,他仍忘不了关心士兵。每次检阅部队之前,他总会对一名副官说:"找团长打听一下,部队里有没有参加过意大利或者埃及战役的人。问明他的姓名、家乡、家庭情况,以及他做过什么,还要问他的军号,属于哪个连队,然后向我报告。"到了检阅那天,拿破仑一眼就找出副官给他介绍过的士兵。他走到那个士兵面前,仿佛是老朋友似的,喊着他的名字,说道:"哦!原来你在这里,你是个勇敢的人!我在阿布基尔见过你。你的父亲怎样了?"被接见的士兵激动万分,以后逢人就讲:皇帝认识我们,他知道我们的家庭,他知道我们在哪里服过兵役。部队的士气被激励起来了,士兵们在战场上也是奋勇杀敌。

第五章 拿什么来留住你的贵人

在战争中没有常胜将军,拿破仑也是如此。在滑铁卢一役战败后,叱咤风云的拿破仑与其妻约瑟芬被流放到地中海的圣赫勒拿岛。在海港边,他与夫人一起散步,恰巧遇见一群水手正在卸货,一名水手扛着沉重的货物嚷着:"对不起!借光借光!"夫人趾高气扬地脱口说道:"大胆水手!有眼无珠,站在眼前的人可是堂堂法国皇帝!该让路的是你们这群无名小卒。"拿破仑拦住夫人,在耳边说道:"这些水手搬货很辛苦,不要这样对待他们。"接着,拿破仑吩咐手下去帮水手卸货。过了几年,拿破仑通过水手的帮助偷偷地潜回了法国。

对下属的关心和帮助,在高尔文和拿破仑身上体现得淋漓尽致。也是他们的美德,成就了自己的事业。

事实上,国际上的知名企业的管理者,都很重视员工的情感管理,并把人性渗透到管理之中,融情感于理性。"经营之神"松下幸之助无时无刻不忘与员工进行感情沟通。他认为,企业是人做出来的,带人要带心,身为一名管理者,最不能得罪的,就是广大的人心。人心在事业的发展中往往决定着事业的成败。

有很多的企业老板总是抱怨找不到好员工,其实,他们并不知道自己对雇员太苛刻、太冷酷了,正是苛刻、冷酷的态度,影响了雇员的忠诚之心。开明的老板时时会让下属们知道,他对自己下属的工作很感兴趣,自己只是下属们的一个伙伴、一个同事、一个真诚与他们合作的人。

在生活中,你要有足够的人际关系网。平常多储备,到关键的时候,你就可以高枕无忧。相反,没有人际关系的投资,遇到事情时,你只能烧香拜佛,祈求上天保佑了。

其实,每个人的心中都应该有这样的想法,那就是设置一本感情账户,并且要多结交朋友,充实自己的感情账户,使人际关系得以巩固和发展。如果你对他人真诚、热情地关心和支持，对方对你也会产生信任，并且重视你们的情感关系。在以后的相处中，要时常保持联系、增强相互帮助的能量。也只有感情投资到位，在你遇到困难的时候，利用这种信任，才能发挥最大的功效。即使在处事的过程中犯了错误，也容易获得别人的谅解。

相互间的互助互利不仅指物质利益，还包括精神利益。作为被求的一方，他可能不需要你给他什么帮助或好处，而且人际交往的互利互惠也不同于做买卖，它不是等价交换、立即兑现。但作为求助者最好能明白对方的心意，在他人帮助自己的同时也要学会帮助他人。

有一天，张林请小李帮忙搬家，约定在下午14：00，结果小李到下午16：00才来，这下可耽误了张林的大事，为此，张林的心里很不痛快。如果你遇到这种情况，千万不要生气，要理解并宽容对方。毕竟人家来给你帮忙了，这就需要获得你的赞同和感谢。只有获得你的感谢，对方才可能在下一次为你尽心尽力。

乐于助人，多主动帮助别人，能不断地增加感情账户上的储蓄。求人与被人求，都是一笔人情账。这笔人情账无法用金钱精确地计算，所以，你要多开几个账户，存储更多的人情。

接下来，我们就来看看在生活中、在工作中，应该怎样投资你的感情账户。

第一，多抽时间参加应酬。

生活中的应酬，是一门人情练达的学问。为人处世，同事之间有许多事都需要应酬；张三结婚，李四生日，王五喜得贵子，马六新升了职务，这些事要避当然也能避开，但别人会说你不懂得人情世故。善于社交的人，常常会千方百计来打听这些事，帮人凑份子，送礼请客，皆大欢喜。他们

第五章 拿什么来留住你的贵人

为什么要这样做呢？因为他懂得日常生活中的应酬可以帮助感情账户上多存储资源。

应酬是一门社交艺术，只有善用心思的人，才能达到联络感情的目的。只有多抽出一些时间来参加应酬，才能经常和客户联络情感，才有机会赢得更多人的拥护，也才能够达到交际的目的。

小王的公司是生产洗发水的知名厂家，厂长派他到外地去和一位客户谈洗发水的代理，于是小王兴致勃勃地就踏上了出差的火车，一路的颠簸并没有影响他在路上练习如何与客户沟通。当他信心满满地站在客户办公室门口的时候，却被客户的秘书告知今天老板不在。并且，一连几天都是如此。小王这下可傻眼了，为什么明明是客户约他来的，等他到了之后却又避而不见呢？

似乎客户与他们的关系生疏了很多，经过多次的明察暗访，才发现，小王的公司之前和这个客有过几次交易，而且每次都很成功，双方合作愉快。然而之后在几次大的产品展销会上，却没有看到他们公司的身影，而且自从交易成功之后，公司很少和客户联系，对于客户的情况一概不知，继而很多客户对他们的产品情况了解得少之又少。尤其在一些大的交流晚宴上，很多大公司经常聚在一起交流经验，认识新客户，但是他们公司总是忙乱不堪，没有一点闲暇的时间，致使客户都被竞争对手挖走了。

本来门庭若市的公司现在却是门可罗雀，如果我们平时多抽出一点时间来参加客户的应酬，多了解客户的需求，满足了这个贵人，也就满足了我们自己。

第二，情能制胜，善于投资"人情生意"。

怎样去投资"人情生意"，简而言之，就是在生意之外多了一层相知和沟通，能够在人情世故上多一分关心，多一分相助。即使遇到不顺当的情况，也能够相互体谅，常言道"生意不成人情在。"

尤其对从未谋面的陌生人来说更为重要，"人情投资"得好，会给自己带来意外的财运，人都是感情动物，如果能够像对待你的亲人般来对待你的贵人，那么反过来也必将受到他们的尊敬。汽车销售大王乔·吉拉德在这方面就做得很好。

乔·吉拉德是一个奇人。之所以能成为知名的销售大师，主要与他的经营促销法有关系。他觉得，所有已经认识的人都是潜在的客户。对这些潜在的客户，他每年大约寄上12封广告信函，每次均以不同的色彩及形式投递，并且在信封上尽量不提及他的行业名称。

在元月，他的信函展现的是一幅精美的喜庆气氛图案，同时配上几个大字"恭贺新禧！"接着在下面写一句简单的署名："雪佛兰轿车，乔·吉拉德敬上。"此外别无其他。即使遇上年底大拍卖期，也绝不张口提买卖之事。

到了2月，所寄的信函上写的是："请你享受快乐的情人节。"下面仍是简短的签名。

3月，信中写的是："祝你圣帕特里克节快乐！"圣帕特里克节是爱尔兰人的节日。不管你是波兰人还是捷克人，这些都不重要，重要的是他不忘记向你表示祝愿。

然后是4月，5月，6月……

不要忽视这几张印刷品，它们起的作用可不小。有不少的客户一到节日，往往会问夫人："过节有没有人来信？"

"乔·吉拉德又寄了一张卡片来了！"

这样一来，凡是获得"乔·吉拉德"关注的人，每年中就有12

第五章 拿什么来留住你的贵人

次机会，使吉拉德的名字在愉悦的氛围中来到每个家庭。

吉拉德的信函只是向人们表达他的关心之情，他没有说一句："请你们买我的汽车吧！"但这种不言而喻的推销，反而会给人们留下了最深刻、最美好的印象。等到他们打算要买汽车时，往往第一个想到的就是吉拉德，因为他们早已是老朋友了。这种长期感情投资，对于贵客来说无疑是一种一刀就能毙命的杀手铜。

其实这种感情投资，宜放长线，切勿急功近利。也许并不是每一个帮助过你的人都能成为你人生中的"贵客"，但是如果你不努力去争取并且维系好这段"友情"，那么自始至终你都不会再遇到类似的贵人了。乔·吉拉德之所以能够成功，就是因为他抱着"宁肯错发一千张贺卡，也绝不放过一个真正的贵客"的投资原则。

所以，如果你是一个企图成功的人，对于身边的人都应该关怀，在获得周围人的认可和信任下，你的事业前景才会呈现一片光明。

9．能否被贵人重视，由你的态度决定

在对待生活和事业方面，负责任的态度能让贵人更加了解你的为人。相反，以一种不负责任的态度对待一切，会让贵人觉得你是"扶不起的阿斗"。试想，连身边的小事都做不好，更何况担当大任呢？

小汤在一家公司里工作两年多了，工作一点起色也没有。他愤愤不平地向朋友小夏抱怨道："目前我的职位在公司是最低的，工资也最低，老板也不把我放在眼里。总有一天，我要跟老板谈判，再不给我加薪我就辞职，炒他鱿鱼。"

小夏问他:"公司的全部业务流程你是否都搞清楚了?"

小汤回到说:"还没有。"

小夏又问:"你在工作时是否得心应手、如鱼得水了呢?"

"不是很好,觉得什么事情都乱七八糟的没个头绪。"小汤烦恼地回答。

小夏说:"我有一个好方法能让你出出气。等你心情平静后,认真把工作理个头绪,再把所有工作的业务流程都搞明白,最后潇洒地对老板说:"这些事情我都知道,但我就是不愿意为你做。这样的离职方法是不是很舒服?"

小汤听后觉得很有道理,就根据小夏的提议,认真把自己的工作情况摸了个透,还抽空了解了其他同事的工作情况。

又过了一年,小汤和小夏再次相聚。小夏说:"你是不是已经很解气地炒了老板的鱿鱼啊?"

小汤笑呵呵地说:"我本打算那样做的。但我发现最近老板对我刮目相看,不但升职加薪,还将我作为公司的学习榜样呢。"

小夏也笑着说:"这一切都在我的意料之中啊。开始老板之所以不重视你,是你自己的工作态度不端正啊。后来你为了解气,主动认真工作,学习各种业务知识,能力自然获得了提升。老板怕你炒他,自然会对你委以重任!"

在现实的工作中,有太多的职场人员只知道埋怨公司的不合理,没有贵人的相助,没有上司看到自己的工作情况等。我们在抱怨没有贵人伸手援助的同时,能不能先找找自己的原因?比如在工作够不够努力,做事是不是很认真、很负责等。

每一位老板都是精明能干的,那些工作不认真、做事投机取巧而又爱抱怨的员工,老板都看在眼里,记在心里。长久下去,这样的员工不但得不到

升职的机会,而且还可能面临失业的危险。

既然你选择了这个行业、这个工作,就要全力以赴地热爱它,积极主动地做好它,将它当成锻炼能力、提升自我的机会,要对明天和未来充满希望。拥有这样的信念来做事,久而久之,你将会在工作中取得巨大的成就,并且获得上司的赏识。

田宁是网络技术领域的佼佼者,是盘石计算机网络技术有限公司的总裁。他的公司独家代理了全球最大中文搜索引擎百度在杭州地区的销售业务。盘石公司能在众多网络技术公司脱颖而出,这都是田宁的工作态度造就的事业成果。

田宁对自己的事业有着独特的理解,他说:"成功的三个要素就像一个三角形的三条边,一个是技能,一个是经验,一个是态度。如果不具备技能,经过学习可以掌握;如果不具备经验,经过日积月累也可以拥有;然而态度却不是经过培训就可以轻松获得的。"

上大学时,田宁就与大学同学张旭飞、陈大飞一起创办了盘石计算机网络技术有限公司。当时的公司就他们三个员工,一切设备也都很简单,他们的事业就这样起步了。虽然第一笔生意因为行情不熟而以失败告终,但令田宁终生难忘的是客户依旧给了他们很高的评价,称赞他们做事认真、踏实。所以田宁就树立了这样一个信念:只要自己认真做事,一定能做好的。就是秉承着这样的信念,田宁的盘石慢慢有了固定的业务,业务范围的拓展也越来越广,最后在这个行业获得了同行和客户的一致好评。

到了2005年3月,全球最大中文搜索引擎百度将商业战略移到了杭州中小企业市场,盘石在众多同行中脱颖而出。主要原因,正如田宁所说:"我们在意的不是现在能赚多少钱,而是未来的道路会怎样。如果有一天，人们一看到百度就想到盘石，这就是我们的成功。"正是田宁积极认真的工作态度，才会造成盘石不断地向前发展，最后达到了事业的辉煌。

因此，无论是为人处世还是个人创业，都要长久地持以认真、负责的态度。假如你不认真对待，即使遇到贵人，你也得不到了他们的帮助。因为你的作为决定了你的事业和命运。所以，请大家好好对待一切，只有这样，才能为你的前途谋得一个好的事业发展。

10．实干精神可让贵人看到希望

踏实肯干是一个人成就事业的必要精神，并且这种精神能使贵人看到希望。有了希望，你的事业之路就能一路畅通，也只有这样，才能造就你事业上的成功。

> 万科公司董事长王石的人生真是多姿多彩，他既是国家级登山健将，而且还涉足滑翔、出书等诸多行业，他的每一次行动，都是传媒追逐的热点；行走在聚光灯下，有足够多的粉丝为他的魅力所迷。那么，王石到底是怎样一个人呢？
> 在20世纪80年代，王石单枪匹马来到了深圳。当时，他除了年轻和满腔的创业激情以外，并无其他。最初，他从事的是饲料生意，从东北运来玉米等原料，然后销往各大饲料厂。每次饲料一到站，王石就立即赶往货运站，指挥民工搬运，如果自己有空，就投入到搬运工的行列扛麻袋。出于好奇，工人们忍不住地问他："从没见过扛麻袋的老板。你干点儿什么活儿不好，非得跟我们这些粗

人一起扛麻袋？"王石沉默不语，他的身上只有一股工作的激情，就想每天不停地忙碌着。

在王石的坚持下，他的实干精神很快就赢得了回报。他的饲料生意越来越好，销路已不是问题，问题是交通运输能力低，这成了他拓展事业的瓶颈。要想走出这个困境，最好的方法就是多弄几个火车皮，加大运输量。而当时的火车皮非常紧俏。为了申请到指标，王石拎着两条三五牌香烟去拜访货运站主任。到了主任家，他还没开口，主任就笃定地说："你也是来要火车皮的吧？把烟拿回去，明天到办公室找我！"王石第一次给人送礼，还没说上两句话就被撵出来了，王石觉得自己真是没用。第二天，王石只得硬着头皮到主任办公室。主任热情地招呼他："我早就认识你了，你还不知道吧？"王石却是听得一头雾水的：又没打过交道，怎么说起话来感觉像熟人？主任说："我在货运站工作许多年了，只见过你这么一个扛麻袋的老板。我觉得你很想干一番事业，一直想帮帮你，没想到你主动找上门来了。"听了主任的话，王石满心欢喜。

每个人都渴望在贵人的帮助下成就一番事业，但并不是每个人都能获得贵人的相助，有可能是因为你还不够努力，没有赢得他们的尊重和赏识。但王石却让货运站的主任看到了他做事的态度和敢于吃苦的精神，最后，获得了贵人的一臂之力。

因此，想要成功一定要有成就大事的方法。在你寻找贵人之前，完善自己的必要品格，让贵人发现你的事业心和创业企图，如此，才能获得贵人的帮助。

在唐太宗时期，朝廷选拔官吏的标准是德才兼备的实干型人才。一天，唐太宗对房玄龄等大臣们说："国家达到大治的根本，就在于精简官吏队伍，官吏不一定要齐备，关键在于他是否能够胜任。官吏人数的多少并不是问题的关键，否则选拔上来的人都不能用，再多又有什么用。"因此，房玄龄在提拔官员的时候，都是提拔那些切实可用的，夸夸其谈而无真才实学者弃之不用。然而，西汉的汉文帝就没有明白这个道理，在他统治期间，差一点儿就酿成了不可挽回的大祸。

有一天，汉文帝到上林苑游玩，在游玩期间，他问上林苑官员有关禽兽的问题。上林苑官员都回答不上来。汉文帝又问了其他一些问题，他仍然回答不上来。这时候，上林苑官员旁边的一个人替他回答了汉文帝提出的问题，汉文帝很赏识这个人，打算提拔旁边的这个人。但是，在旁边伴驾的张释之却不这么认为。他问皇帝："皇上，您认为绛侯周勃和东阳侯张相如这两个人怎么样？"汉文帝有些不明所以，就说："他们都是忠厚的人啊。"张释之接着说："既然您认为这两个人都忠厚，为什么还要提拔刚才这个人呢？大家都知道，周勃和张相如平时说话虽然有点儿口吃，说话表达不清，但他们的人品和能力为人称道，工作一直很称职。难道您认为刚才那个夸夸其谈的人就是值得信赖的吗？"然后张释之又告诉汉文帝，秦始皇就专门喜欢用那些夸夸其谈却无真才实学的人，最后导致朝廷上下形成崇尚空谈、不务实际的不良作风，也是这个原因导致了秦朝的灭亡。张释之接着又说："我看刚才这个人说话言过其实，您要是提拔了他，我怕朝中以后也要形成夸夸其谈不务实际的不良风气啊。"听见张释之的话，汉文帝这才作罢。

不管你是做事业还是为官，或是从事其他任何领域的工作，都需具备实干精神。离开了实干，一切都只能是空谈。若知晓这个道理，你就能理解贵人为什么总是喜欢踏实肯干的人了。所以，用实际行动来证明你的能力，是

第五章　拿什么来留住你的贵人

寻得贵人的最好方法。

除此，拥有实干精神还不够，还需要确立自己的志向，俗话说："有志者，事竟成。"只有这样，你的事业才算做得尽善尽美。

苏秦是战国时期的韩国人，著名的纵横家。他出身贫寒，没有任何的政治背景，但他胸怀大志，曾随鬼谷子学习纵横捭阖之术多年。后来，他凭自己三寸不烂之舌游说燕、韩、赵、齐、魏、楚六国，促成了六国的大联合，迫使秦国废帝退地。因此，他被推举为"纵约长"身配六国相印，名满天下。

苏秦虽然出身寒门，但人穷志不短，他立志要作出一番惊天地的大事业，"头悬梁，锥刺骨"就是苏秦为了实现自己的抱负而勤学苦读的著名事迹。

苏秦第一次出游六国时，不但没有获得周天子和六国国君任何一国的重用，甚至连家人都看不起他。为此，苏秦受到很大的刺激，从此更发奋读书，钻研兵法，天天到深夜。有时候读书读到半夜，又累又困，他就用锥子扎自己的大腿以刺激精神。就这样苦读了一年，苏秦的知识比以前更加丰富。于是，苏秦再次出游。正好碰见燕昭王广招天下贤士，苏秦凭着坚强毅力博学多识和能言善辩，终于在燕国打动燕文侯而一举成名。如此一来苏秦终于发挥了自己的才智，最终促成了六国之王结盟于洹水，成为一个佩有六国相印的风云人物，立下的志向也获得实现。

一个人，只有拥有自己的志向，无论遇到什么困难，只要雄心不灭，经过努力，就能获得成功。相反，如果一个人整天没有理想，不知道路在何方，即使有贵人相助，他们又如何下手呢？

第五章 拿什么来留住你的贵人

有一个人整天渴望发财，于是整天在上帝面前祈祷，希望上帝能让他中头等六合彩，可是他却一直没有中奖，于是数落上帝不公。上帝却气愤地说："我确实有心帮你，也为你准备了中大奖的机会，但至少，你应该去买一张彩票吧！"

想要成就一番事业的人，必须要有自己的目标。目标确定了，再付诸努力，成功也就向你招手了。

第六章 用好贵人，造就完美人生

1. 贵人的几大类型

不同类型的贵人，在帮助他人时会有不同的方式，了解了这些可以帮助你更好地寻找你的贵人，更好地为你的事业添砖加瓦。

第一种，侠义型贵人。

有一句名言是："路见不平，拔刀相助。"这个最能体现贵人的性格和气质。侠义型贵人通常会在人们最需要帮助的时候，慷慨解囊出钱出力相助，从而改变了他人的一生。

侠义贵人对待他人时很讲义气，能给予他人最直接的帮助，能够起到立竿见影的效果。

> 香港富豪彭硕楠有着传奇的人生。彭硕楠1936年出生于广东番禺，1953年他怀揣20元港币和一份证件来到香港谋生，到如今已持有远东铝质控股公司75%的股权。他创业的成功也是得力于贵人们的相助。
>
> 1969年，彭硕楠在湾仔开设了一间名叫"远东铝质工程公司"的小厂，主营业务是承办小规模的铝窗窗框制造及装配工程。公司的发展与壮大，主要是他人生中的三次机会。
>
> 第一次机会是承包到了上环先施公司外墙的工程。这项工程比较大，当时"远东铝质工程公司"因为没有强大的实力，差点错过

了这项工程。幸好遇到了贵人范文照，由于范文照的出手相助，最后拿下了这项工程。

贵人范文照，当时名气很大，是国内著名的测量师，南京中山陵就是他设计的。当他听说朋友彭硕楠想承包该项工程，而该工程又比较大，要分三期才能完成，购买材料需要六七十万元资金做成本。彭硕楠的公司正苦于没有资金时，具有侠义心肠的范文照主动出面找到先施的负责人帮彭硕楠说了不少好话。先施公司的负责人见大名鼎鼎的测量师范文照出面为远东铝质工程公司"担保"，最后很放心地把工程给了彭硕楠。也许是范文照的影响力，先施公司负责人对彭硕楠很信任，他们先代彭硕楠的公司支付工程费用，然后再从合约上扣除。就这样，本来需要大本钱的工程，就这样变成了一桩无本生意。这对于刚成立不久的远东铝质工程公司来说，无疑是天上掉馅饼。如果没有范文照的关照，彭硕楠可能拿不到这项利润丰厚的工程。因此他对贵人范文照很是感激。

彭硕楠将先施公司的工程做得很成功，随后，便被中环三和大厦的老板看中，彭硕楠没费吹灰之力便接下了三和大厦玻璃幕墙的装配工程。一些测量师见彭硕楠的工程做得又快又好，便很乐意地为彭硕楠推荐自己的客户，这也就导致了远东铝质工程公司的红火生意。

第二次机会是20世纪70年代香港地产业掀起狂潮期。当时，彭硕楠从事的是工程装修，这个行业与房地产业有密切的联系。到20世纪70年代，香港有大批大批的楼宇建成，"远东铝质"在这一地产业狂潮中，彭硕楠再次把握住了机会。一天，一位好友将彭硕楠引荐给世界华人首富李嘉诚，要他的公司为李嘉诚的豪宅进行铝窗安装工程。工程完工后李嘉诚非常满意，从此，彭硕楠便与李嘉诚结下了深厚友情。

接下来，李嘉诚的长江实业在房地产开发上突飞猛进，这位贵人给了彭硕楠一次又一次的工程装修机会，先后让彭硕楠承接了他的许多工程，如天星大厦、九龙中心、赛西湖等，这些工程都带给了彭硕楠丰厚的收益。

第三次机会是香港金钟太古商场的第二期工程招标。金钟太古工程是一项很大的工程，早在第一期工程时，太古集团就曾邀请彭硕楠竞标。当时彭硕楠的"远东铝质"公司规模小，实力不济，为审慎起见他未敢贸然出标。现在第二期工程来了，他要把握好这次机会。

面对强大的竞争对手，彭硕楠丝毫没有获胜把握。金钟太古商场第二期工程的合约，需要2亿港元左右，整项工程所需的技术十分先进，一般的公司达不到这个水准也就只能望而止步。这次工程的利润空间很大，前来招标的共有全世界范围内11家公司，除"远东铝质"外，其余全是世界性大集团。

在实力不佳的情况下，彭硕楠又一次获得贵人的相助渡过了难关，这位贵人使彭硕楠的"远东铝质"一举中标。早期，彭硕楠从事装修工程业务时，在打工期间，认识了铝质专家希比伦，也是因为希比伦结识了美国的材料商。在与这位材料商打交道的过程中，彭硕楠务实讲诚信的作风，给对方留下了极好的印象。得知彭硕楠参与竞标金钟太古的二期工程，与太古集团负责人关系不错的这位美国材料商，特意就此事致信太古集团负责人，极力保荐彭硕楠，一口肯定他能胜任此事。结果美国商人的意见被太古集团负责人采纳，彭硕楠获得了这次机会。

彭硕楠三次机会中的三位贵人，在彭硕楠的企业需要帮助的时候，他们仗义相助，是他们成全了"远东铝质"。

从彭硕楠的成功过程中可以看出，三位侠义贵人之所以帮助彭硕楠，都是因为彭硕楠是一个讲义气、诚信务实的人。

第二种，伯乐型贵人。

伯乐型贵人善于举荐人才，能使怀才不遇的千里马获得重用，能给人才一个广阔的发展空间。伯乐型贵人善于搭建桥梁，使有才干的人士达到成功的彼岸。

韩信是西汉的开国功臣，在帮助刘邦打败项羽的"楚汉之争"中，起了特别大的作用，真正称得上立下过汗马功劳。

在楚汉相争初期，韩信认为想要实现自己的远大抱负，只有投靠实力强大的项羽。但项羽没能发现韩信的才能，只让他做了个很小的军官。韩信试图通过自己的努力来改变这一状况，多次向项羽献计，但是项羽都没采用，这令他大失所望。最后，他萌生了另投明主之意。

韩信听说汉王刘邦到了南郑，于是就来投奔刘邦。刘邦开始给韩信一个管粮食的小官。当时刘邦手下的将士，很多是东边人，因为思归心切，不久就开始逃走。有一天，韩信也走了。汉王刘邦接到的报告更令人吃惊："丞相萧何也逃走了！"刘邦听后，心里像被人捅了一刀那样难受。他当即让人四处寻找："一定要把丞相找回来！"当然，韩信是铁了心地想要逃走，而萧何并不想真的逃走，他是追韩信去了。韩信见汉王只让他做个小官，觉得没出头之日，就连夜跑了。萧何来不及告诉刘邦，连夜骑马就追韩信。马不停蹄地追赶了一天，才在小树林中追上韩信。萧何问韩信为什么要走，韩信说："汉王不信任我，不用我，留在这儿没意思，想去投奔别人。"萧何对他说："你先别走，和我一起回去。如果这次汉王再不封你为大将，你再走也不迟呀！"在萧何的再三恳求下，韩

信跟萧何回去了。

到了汉营，萧何立即去见刘邦，极力举荐韩信。开始，刘邦对萧何追韩信一事不以为然，萧何解释说："前面逃走的人，无关紧要，但韩信不同。他才能过人，当世无双。你要想夺取天下，就必须有韩信的辅佐，此外别无他人。"刘邦半信半疑，提出试用一下看。萧何把韩信为何出走的原因说了一下，接着说："要用韩信这样的人才，就得给他高官厚禄，否则就难以留住他。我建议您封他为大将，并且要选择良辰吉日，筑起拜将台，以隆重的礼仪，任命韩信为大将。"

刘邦采纳了萧何的意见，以隆重的礼仪拜韩信为大将。举行完拜将仪式后，刘邦接见韩信说："丞相多次推荐你，将军一定有好的计策，请将军指教。"韩信谢过刘邦，向他详细分析了楚汉双方的形势和条件，认为发兵东征的条件已成熟，并表示自己愿意当先锋。刘邦听后很高兴，就让韩信指挥大军。汉王军队在韩信的操练下战斗力大增，在楚汉战争中连战连捷，最后致使项羽"自刎于乌江"。

这个故事可以让我们知道，韩信能成为千古名将，得力于贵人萧何的举荐，也是因为贵人萧何，韩信留下了"千古战将"的美名。

第三种，诸葛型贵人。

诸葛型贵人往往只是给人们出点子，但他们的重要作用无法用金钱来衡量。有的点子关系到奋斗者的成败，影响他们的一生。

小张大学毕业后，进入了一家培训公司，刚开始，他只是一名最底层的业务员，主要工作是为企业提供培训方案。才上班的第二天，小张就联系到一位制造电缆线的厂家李总，简单交流几句，这位老总就对小张提出的培训课程有很浓的兴趣,打算派人来参加小张公司的培训课。说到具体听课人数,李总说他们厂有6位副总,都有可能来听培训课。小张有些不知所措,因为公司规定,为了保证客户对公司的满意度,初次听课的人数控制在3人之内,且保证是总经理以上的领导参加。小张有些为难,他不知道怎么对第一次遇到的这个大客户说,害怕自己的失误而让一张很大的单子就这样飞走了。而且他又是新员工,跟别的人还都不熟悉,恰巧经理又不在,碰到这种事就不知道怎么处理了。

正在苦恼之时,经理助理走了进来,问明情况后对小张说:"以前公司也碰到过这样的情况,人数最多时还有13个人来听课的。咱们公司做这样的规定是为了避免不相干人参加、干扰客户中高层人士的听课效果,不利于签单。你那个客户如果表现出很强烈的听课欲望,你就这样对他说:'张总,看贵公司这么需要,我力争帮您多申请两个名额。现在就可以把优惠券给您送过去。'你这样说,一是让他觉得机会难得,增强签单的机会;另一方面,你说送优惠券,其实也是巧妙地把门票送给他,变相地增加签单的机会。小张按经理助理的话说,果然顺利地拿下了第一单。

拿下一个单容易,但是想要自己长期立于不败之地,就需要让贵人围绕在你身边。在这个竞争异常激烈的社会环境中,每个营销人员的订单都是来之不易,不仅仅需要自身努力获得客户的认可,更需要贵人的指点,有时候,别人三言两语的点拨就能解开你心中的疑团,教你如何打消客户的疑虑,从而保证顺利签单。而这个为我们提供金点子的人就是我们的大贵人,就是我们人生中的"诸葛亮",他的几句关键性的话,就能让我们信心大增,扭转颓势。

诸葛贵人的智慧能够为你"一语道破天机",他们在帮助别人时,只因为出了一个点子,就能使奋斗者的一切问题都获得了解决。

第四种,隐形型贵人。

隐形型贵人一般分两种:一种是隐藏在幕后帮助他人策划的人,是一种有意识的,有计划的行为。另一种是无意识的贵人行为,这些贵人因为工作的需要,举荐他人,结果造就了他人的成功。

李昂从一家不知名的学院的计算机专业毕业后,幸运地谋到了一份不错的职业,成为一家IT公司的员工。该公司负责3M IT外包业务,李昂被派常驻3M公司负责维护工作。其间他抓住了3M对外招聘网络基础建设员工的机会,成为3M的正式员工。此后五年间,他六次晋升,成为3M的员工职业发展系统中成长最快的员工之一。促成这一美事的贵人不是别人,而是一群李昂甚至不太熟悉的同事。李昂说:"没有这些贵人们,我恐怕连成为3M正式员工的资格都没有。"

时间倒退到2000年,只有大专文凭的毕业生李昂每天在3M公司忙碌奔走,他对工作的全部理解就是竭尽所能为公司的每一个人员提供良好的服务,恰恰是这种最朴实简单的想法改变了他的职业生涯。作为一家IT外包服务商常驻3M的业务人员,李昂的任务是保障3M员工正常使用他们的工作电脑及相关设备,在出现故障时及时进行维护。他工作很认真,每次都把那些常见问题记录下来,在很短的时间里,他的工作笔记竟然记了厚厚的一大本。

"如果不清楚这个文件的用途,你可以来问我,但千万不要乱操作。"在完成故障维修的同时,李昂还经常会给设备出问题的员工留下一个小贴士注明出现问题的原因以及今后需要避免出现的误操作。为了提高自己的专业水平,李昂甚至还在业余时间里自学了网络知识，并考取了含金量极高的CCNP（思科认证网络专家）认证证书。

由于能力出众，许多人在自己的机器出现问题后，第一时间的反应就是找李昂解决。有一次，技术服务部门的同事找到李昂，要求他重新安装操作系统。李昂没有简单地格式化、重装系统，而是不厌其烦地把每台机器所有的数据都备份了出来，而且恢复了机器主人个性化的设置。同事很是感动，这是他第一次见到技术人员竟然能如此为用户考虑。李昂坦白地说他也很怕麻烦，但作为后勤支持部门，提高公司的效率才是自己的根本工作，今天的麻烦是为了明天不麻烦。

由于IT技术服务涉及公司从上到下的各个层面，李昂凭借这种积极的工作态度很快就获得了3M许多员工的认可。在3M工作的第14个月，负责IT技术的部门需要招聘一名负责网络基础建设的IT技术工程师。按照3M招人的惯例，往往先是在内部寻找合适人选，然后再向社会公开招聘。许多不同部门的同事都不约而同地大力推荐李昂，都认为他才是最好的人选，公司压根就没必要在外面招人。

主管采纳了众人的建议，找到李昂，问他是否愿意成为3M的一名正式员工。李昂非常意外，怀疑自己听错了。就这样，他在一群贵人的帮助下顺利进入3M公司。因为大家都很支持，他的工作非常顺利，5年内6次晋升，成为一名经理，造就了一段职场传奇。

升职有时很简单，只要你做好本职工作，这才是你与人交往的基础，事实上，身边的每个人都可能成为你的"贵人"，就看你是否能够挖掘他们，把隐形贵人变为真正能助你一臂之力的现实贵人了。

总之，不管是侠义型贵人还是伯乐型贵人，或者是诸葛型贵人及隐形型贵人，这些都无关紧要，紧要的是当你遇到这种贵人时要善于抓住机遇，顺势而为，才能铸就你的大业。

2. 贵人能为你的人生道路穿针引线

贵人不一定位高权重，但是一旦拥有他，他便可以在成功的道路上为你把关，也可以为你的事业规避风险。因此，如果你遇上贵人，请你珍惜他。

鲁先生在一家培训公司任职，主要负责客户的学习、培训事宜。平常的业绩还算过得去。快到9月的时候，培训总监给大家下了一道死命令：深圳分公司目前还没拿下一个大单，也没有为客户送出去一张VIP卡，这是深圳分公司的失败，因此这个月，深圳分公司一定要签下一笔大单；对于第一个签VIP卡的工作人员，公司将给予2000元的奖励。这个振奋人心的消息着实令大家兴奋，鲁先生也跃跃欲试。恰好，一个跟了很久的客户最近又主动联系鲁先生，鲁先生觉得有戏。该说的鲁先生已经说得很清楚了，客户看起来有签单的可能，因为客户忙，迟迟也没有确定。就这样一直拖着，时间长了这个客户迟早会从有戏变成没戏。

一次同学聚会，鲁先生和大学同学李忠聊起了这个话题，结果，他发现这个客户和李忠认识。要是这样，事情就好办多了。通过与李忠聊天，鲁先生了解到了问题的根本原因。客户之所以没签单，是因为客户公司的人多，需要的课程种类也很多，公司的其他同事担心鲁先生推荐的这个课程不能满足其他员工的学习需求。在李忠的帮助下，鲁先生重新为客户定制了一套合适的培训方案，最后问题得以解决，双方顺利签约。鲁先生也成功地送出了一张VIP卡。

为表示感谢，鲁先生要请李忠吃一顿大餐。李忠说："不用客气，我只是给你们搭了一下线，一切都是你自己的功劳。"鲁先生却认真地对他说："正是你的搭桥，我才取得今天的成就。不要推辞了，说好了，我请你。"

在鲁先生与客户进行对峙的情况下，李忠的出现帮鲁先生顺利地完成了任务。同时也使鲁先生的客户认为，作为李忠的同学，鲁先生应该不会欺骗自己，自己完全可以相信熟人的话。贵人李忠帮助鲁先生最终达成心愿，他使客户彻底放心，也为鲁先生的成单降低了风险。

事实上，贵人的出现就是帮我们降低风险，下面还有一个故事可以充分说明这一点。

27岁的吴晓晓，已经到了谈婚论嫁的年龄，由于性格内向，平时少言少语，所以也没跟什么男性进行交往。最近去学校参加干部培训班时，她认识了一个腼腆小伙小谢，两人就这样交往了起来。

吴妈妈非常了解自己的女儿，她从小大门不出、二门不迈的，对外边的人和事想得也比较简单，就上了2周课，就跟人家好上了，这让吴妈妈忧心忡忡，她总担心别人会欺负自己的女儿。但是见女儿这几天这么开心，吴妈妈也不好说什么，她亲自出马去调查小谢的背景了。

经过辗转的调查得知，原来那小谢是一个远房亲戚老宋的舅舅的侄子，人家小伙子也是刚毕业尚未婚娶。这样，两个性格相投的年轻人，就在老宋和他舅舅的安排下，正式地相了亲，男方的家长非常满意。老宋是值得信任的人，吴妈妈这才把心放到肚子里。

不要放跑你的贵人

传统的中国婚礼，媒人是一个不可缺少的角色，虽然在现代的婚礼中，大多数的地方已经脱离古代人的习俗，但在生活中还是可以隐约地听到媒人的名字。这是因为，在古代，结婚前的男女双方不能相见，但最终又都要结婚，所以就有这样一个大家信得过的中间人来牵线。尤其是要结婚的女孩，不能相信一个陌生的男子，但媒人的话总还是可信的。对于男女双方来说，媒人，或者说两人都熟悉的中间人，就是撮合这对新人成功的贵人。之所以选择双方都相信的人，是因为这个中间人能为他们的结合降低可能发生的风险。

成功的路上有太多的困难和风险需要你去清除，但个人的力量是有限的。因此，不能少了陪伴你的贵人。只有好好对待你的贵人，才能让贵人帮你推开绊脚石，也是因为贵人的出现，你的事业也才有可能取得成功。

你的事业发展，需要贵人扶助。然而发光的玉石也需要伯乐的赏识才会体现出它的价值。

能力一般的人，在贵人的帮助下可以提高自己的能力；能力突出的人，在贵人的帮助下更能发挥自己的才能。总之，贵人相助，能将不可能的事变为有可能的成就。

玉石遇到贵人可以更加透明。创业之初的人遇到贵人更可以坚定目标、增强信念。事业不顺利的人遇到贵人，则能够巩固自己的事业道路。

在文学界有一种现象，许多默默无闻的作品经过名气大的作家进行推荐，这部作品就会获得学界的公认。这样也可以让这部作品的作家浮出水面，因而扩大了他的名气，无形中鼓励了作家的文学创作。

1852年，俄国著名作家涅克拉索夫在任职《现代人》杂志主编期间，收到了一部名为《童年》的手写稿件。涅克拉索夫在看完手稿后，觉得内容很有见解，于是决定发表。但在收稿时作者并没有留下自己的全名，只是在手稿的末页和信中署上了自己的姓名缩写。因此,作品在发表时,遵从作者的意愿按姓名缩写署名发表了。经过后来的追踪,才知道这是日后的文学巨人托尔斯泰的第一部作品。虽然托尔斯泰可以写出好的文学作品,但当时却因为缺乏信心,而不敢署真名。很幸运,托尔斯泰遇到了自己的贵人涅克拉索夫,这个贵人不仅发表了托尔斯泰的作品,而且还向屠格涅夫等著名作家推荐,说:"留意一下《童年》这部中篇小说吧!"

涅克拉索夫的推荐和赞美果然迎来了《童年》这部作品的春天,也激发了托尔斯泰的创作天赋。很多著名作家在看到涅克拉索夫的推荐和赞美后,都纷纷地阅读这部被涅克拉索夫赞美的作品。这些著名作家看完《童年》后,也同样地称赞作品的出色,并写出了许多关于《童年》作品的评论。

那时,年轻的托尔斯泰正在高加索山地服役。一次偶然的机会,他读到了一篇对他作品的评论文章,而评论者是一位非常著名的评论家。托尔斯泰读着那些文字,激动的眼泪顺着脸颊流了下来,在此刻,他深深地感受到了赞美的神奇力量,从此,他更加自信了,并有了无穷的力量促使他进行写作。

涅克拉索夫的赞美和推荐成就了托尔斯泰的文学创作之路。在没有获得涅克拉索夫赞美之前,托尔斯泰对自己并不自信;但在获得众多名家的表扬和称赞之后,托尔斯泰自信了、敢写了。他后来创作的《安娜·卡列尼娜》、《战争与和平》、《复活》都成为深受读者喜爱的世界名著。托尔斯泰在文学上的成就获得了人们的高度评价,列宁称赞他是"俄国革命的镜子",鲁迅则评价托尔斯泰是"19世纪俄国的巨人"。

托尔斯泰的成功得益于涅克拉索夫的推荐,涅克拉索夫的推荐让托尔斯泰因《童年》脱颖而出,最后成为作家们关注的焦点。如果没有涅克拉索夫

和其他著名作家的赞美，托尔斯泰就不会拥有强烈的创作欲望，他的文学创作之路也许会中断，人们也有可能读不到他的优秀作品。

对于一个做学问的人来说，导师的推荐和指点可以提高他的知名度，让他获得业内知名人士的认同。

有这样一个传奇人物，他就是中国著名科学家严济慈。他的工作范围是研究压电晶体和光谱学，在工作期间研究成果非常丰硕。他先后在法、美、英、德等国学术刊物上发表论文50余篇。这些论文为学术界作出了重大的贡献。严济慈的文章之所以能在学术界产生如此大的影响，为他推荐文章的导师功不可没。

严济慈的导师法布里，是一位博学、严格的老师。在教授自己的学生严济慈时，法布里要求严济慈努力研究，很少当面称赞他。虽是这样，法布里默默地帮助着严济慈，他在关键时候推荐了严济慈的论文，并让严济慈获得了不同凡响的学术地位。

在法国留学期间，严济慈努力学习，在毕业时完成了博士论文《石英在电场下的形变和光学特性变化的实验研究》。导师法布里也很欣赏他在这篇论文里所展现的才华，但是并没有直接称赞他，而是问他："你的论文能等一两个星期发表吗？"

严济慈很爽朗地答应导师："当然可以。"当然，严济慈并不知道老师的用意。又过了几天，法布里以其出色的成就和资历当选为法国科学院院士。在那人才济济、全是专家的场合，法布里大声地宣读了严济慈的博士论文。

严济慈的博士论文以其独创性和精确性，获得了法国科学界最高权威人的掌声。他的才华震动了法国物理学界，从此他的名声也就名扬四海。

在学术研究的道路上，法布里是引领严济慈走进学术领域的贵人。法布里不但是他的导师，而且在关键时刻帮助了他，让他的名声获得了知名学者的认同。也是这个转折点，开创了严济慈的学术舞台，也是这个舞台使他成为学术界的知名人士。

在成功的道路上，贵人的推波助澜起着重要的作用。当你与同行业的人处于同一起跑线时，贵人的出现能给你的奋斗之路带来希望。

3．借助贵人的力量，能够去除事业上的阻力

借助贵人的力量可以为你去除事业上的阻力，同时他们的力量也是巨大的，运用这股巨大的力量，可以将你推上成功的宝座。

聪明的人总会借助贵人的力量来提高自己的影响，有了影响，你就会获得很多人的认可。事实上，一个人要想成就一番大事业，除了自身的努力之外，还需要借力。通过结交一些贵人，借助他们的力量走向成功。下面我们来看一看百事可乐公司董事长在创业中是如何借力的。

> 1959年，百事可乐公司董事长唐纳德·肯特亲自参加了在莫斯科举行的美国博览会。因为和美国副总统尼克松私交甚好，他就拜托尼克松想办法让苏联总理喝一杯百事可乐。尼克松看到赫鲁晓夫走到百事可乐展台的时候，就跟赫鲁晓夫打招呼。这时，赫鲁晓夫看到尼克松，就顺势拿了一杯百事可乐进行品尝。
>
> 这对百事可乐来说，是一个极具影响力的广告。也是这个事情，百事可乐很快打开了苏联市场并取得了良好的销售业绩。

这种借力的招数，大多用于弱小者身上，它可以巧借外部环境力量战胜强大者，这也是借别人的风扬自己的帆的一种方式。你还可以顺势借用一下

不要放跑你的贵人

贵人,借上了,你就能很快地"长袖善舞"了。同时,你也可能发现当你拥有一些贵人之后,很容易受到别人的欢迎,这样不仅可以致富,还可以达到打败对手的目的。

在快速发展的社会时代,巧借贵人的力量可以帮你实现梦想,通过用心经营,你也会获得贵人的帮助。如果你们有着共同的利益,这就更好办了,贵人会主动地找机会帮助你。因为帮助你发展,其实也是帮助他自己发展。

在用好贵人力量的基础上,还需要重视你的搭档。一个好的搭档是事业成功的基石,有他的扶持,你的事业脚步可以走得更踏实。

　　约翰·戴维·洛克菲勒是美国的资本家,也是20世纪第一个亿万富翁。他不仅自己有很强的致富能力,而且对合作伙伴有很强的吸引力。

　　7岁的洛克菲勒,将待在窝里的小火鸡捉回来喂养,等小火鸡长大后,就拿到市场卖掉,这让他赚了一些钱。到了12岁,他开始帮母亲干活儿,干的活儿都要记在账本上,然后等父亲回来结账。攒足了50美元后,他又按7.5%的利息借给当地的农民。这些事情都受到过父亲的赞扬。

　　到了1855年10月26日,高中没有毕业的洛克菲勒,就辍学在家,他准备出去闯荡世界。起初他只是一个默默无闻的粮食行的簿记员,他的表现深得老板的重视。但由于他对老板不满意,于是决定自己创业。

　　洛克菲勒在1859年时,有幸认识了比他年长10岁的英国移民莫里斯·克拉克,合伙开起了一家谷物和牧草经纪公司。在这个公司里,19岁的约翰主内,而克拉克则主外,他们的合作很愉快。

　　过了不久,美国中西部农业区受霜灾,农民们纷纷希望用来年的收成换取订金。年轻的洛克菲勒认为这是一个打响公司品牌的绝佳时机，便利用自己的诚信从银行的一个朋友处贷款2000美元，缓解了农民们的困境。

对于人才方面，洛克菲勒有自己的观点和看法。他认为："坚强有力的同伴是事业成功的基石，不论哪种行业，你的伙伴既可把事业推向更高峰，也可能导致集团的分裂。当然，你的合作伙伴确实起着至关重要的作用。"

在经营方面，洛克菲勒十分注重商业人才的选用，有时花费高额的薪资从对手的阵营中挖人才。他有很多合作伙伴都是他想方设法挖过来的。这些合作伙伴中，有很多是他以前的竞争对手或敌人，后来才成为他所用的合作伙伴。在人才选拔方面，他真正地做到了任人唯贤。

洛克菲勒在经营自己的事业时，与巴菲特有着不同的合作方式，洛克菲勒在与他人的合作中，只是为了自己的需要而起用他们，并非完全地相信他们。他知道，庞大的石油帝国靠他一人之力是撑不起来的，但他在选择合作伙伴的时候，用的是审慎选择的态度。这种态度，值得每一位企业家深思，因为你的合作伙伴影响着你的事业成败。

总之，在事业发展的过程中，自己为企业所做的事和合作伙伴为企业所做的事同等重要。因此，你要选好你的合作对象，因为能相互扶持，共担风雨的合作伙伴是事业中的润滑剂。用得好，事业将一片辉煌，用得不好，事业会一败涂地。

除了这些，你还要善于利用贵人的力量，善于发挥贵人力量的人可以将自己的事业做大做强。

汉代的三个传奇人物卫子夫、卫青及他们的外甥霍去病，在中国乃至世界历史上都有着深远的影响力。

不要放跑你的贵人

汉武帝刘彻的第二任皇后卫子夫,她本是平阳侯府中的婢女卫媪与人私通而生的女儿,连父亲是谁都不知道。卫子夫长大后,以一名歌妓的身份服侍平阳公主,后来被汉武帝看中,入宫做了妃子。不能不说卫子夫是幸运的,她先于跟汉武帝有"金屋藏娇"美名的陈皇后怀孕生子,并晋为皇后。与姐姐的命运相似,卫青出身卑贱,他是卫媪与县吏郑季的私生子,先后在母亲的关怀和郑季夫人的歧视下长大成人,后来又回到平阳王府为平阳公主的马奴。可以说,卫青的前半生一直为奴,在别人歧视中讨生活。随着姐姐的入宫,卫青终于迎来了他一生命运的转折点,卫青先被召到建章宫当差,又升为太中大夫,直至大将军,最后成为一代名将,也是历史上少见的常胜将军。

霍去病是名将卫青的外甥,任大司马骠骑将军。他是平阳公主府的女奴卫少儿与平阳县小吏霍仲孺的私生子,父亲甚至不敢承认他的身份,因此看起来霍去病是永无出头之日的。然而,在他身上发生了奇迹。他比舅舅幸运,霍去病满周岁时,他的姨母卫子夫就入宫了。可以说,霍去病是伴着姨母和武帝的恩泽、舅舅建功立业的同时慢慢长大的,并在舅舅的影响下成为影响世界历史的一代名将。卫青和霍去病的军事才能是可以肯定的,他们直接改变了多年来的汉匈之间的攻守之势,使饱受匈奴侵扰之苦百年的汉朝人扬眉吐气,有了身为强者的信心。但能给他们建功立业机会的还是汉武帝,身份如此低微的甥舅俩由中心人物卫子夫的入宫作为转折点,这也使得卫青和霍去病有接触上层人物的可能,有施展才能的机会,他们的骁勇善战改变了长期以来西汉在与匈奴作战时不利形势。

卫青、霍去病、卫子夫他们三人相扶相携。卫青、霍去病因为沾了卫子夫的光而建立了保卫家国的功勋。反过来,他们的功勋也为卫子夫的后位奠定了稳定的基础。

所以，一个人要想实现自己的抱负，必须借助贵人的力量。因为贵人的力量就是一盏灯，他能为热望成就事业的人照亮前进的方向。

4．做事找人要对症下药方见成效

或许你有着出色的专业技能和学习能力，但是有些事交给你一个人是完不成的。因为中间有太多的事情单枪匹马的你处理不了的。因此，你在处理事情时，往往要先找到问题的症结所在。而在找到症结后才去挑选合适的贵人，合适的贵人可以恰如其分地帮你办好事情。

> 有一天，一个优秀的商人对自己的儿子说："我给你选了一个女孩子，你会心甘情愿地娶她。"儿子却认为自己的事情自己决定。这个商人说："我选的女孩子就世界首富的千金。"儿子同意了父亲的选择。
>
> 在一次宴会上，这个商人对世界首富说："我帮你找到了女婿。"世界首富惊讶地说："但是我女儿还没有过这个想法呢。"这个商人马上故意地说："他可是世界银行的副总裁。"世界首富立马就答应了。又过了一段时间，这个商人就去见世界银行的总裁说："有一个年轻人想到这里做副总裁。"总裁婉言拒绝了。这个商人马上说："他可是世界首富的女婿。"后来，这个商人的儿子真就成了世界首富的女婿，还当上了世界银行的副总裁。

这个故事讲的是贵人对别人的影响，故事中的商人是一个非常厉害的公关高手。他利用了每个人都希望结交贵人的心理，巧妙周旋于人群之中，最

终获得了自己想要的满意结果。儿子希望娶世界首富的女儿；世界首富希望自己的女婿是银行的副总裁，以达到融资方便的目的；世界银行的总裁为了银行的业务，希望世界首富的女婿做银行副总裁，熟悉了这种心理，让这个商人找对了人，办好了事。相反，如果这个商人只觉得自己的努力最重要，他就不会像上文那样获得一次次的机会。在日常工作和生活中，我们需要用心去发现身边的贵人，不要老是感叹上天公不公平的问题。

  美国好莱坞知名一线电影演员寇克·道格拉斯，他在年轻的时候很穷困，虽然他的演技还好，却没有人提携，几乎没有人想到他日后会成为璀璨的明星。谁也说不好人生会怎样，寇克·道格拉斯就在一次火车旅途中改写了他的命运。

  那次乘车，他的座位排次挨着一位女士，在漫长的旅途中他们闲聊起来，他们的谈话很愉快。几天后，寇克·道格拉斯收到一家制片厂的邀请。这时，他才明白，原来火车上认识的那名女士就是一位知名制片人。从此，寇克·道格拉斯就踏上了一帆风顺的演艺生涯。

寇克·道格拉斯的故事，让我们明白：即使我们选对了方向，并且有很强的专业能力，但在关键时刻若没有获得贵人提携，我们的成功路程就会多一份坎坷，多一份艰辛。

除此之外，我们还要了解一些贵人的习性。贵人并不像我们想象中的那样高不可攀，他们常常会出现在我们的身边。因此，在平常我们要了解一些有关贵人的常识。

第一，你遇到的贵人，或许会有意地点拨你、教导你。他看起来可能很严厉，会指出你的不足之处，你不要认为他这是故意让你难堪。其实他是在用这个方法让你意识到自己的不足，并且希望你加以改正，不断进取，向更高的层次发展。

第二，你的贵人可能会没有任何条件地赞同你。如果有人在任何条件下都相信你，或者无条件地支持你，那他也是你的贵人。

第三，有些贵人会经常唠叨你。他们唠叨你是因为喜欢你、关心你。他希望通过这种善意的行为来提醒你。在你遇到麻烦的事情之前，希望能让你少走弯路。

第四，欣赏你的天赋。有些人会看到你的天赋，并加以欣赏，希望你能发挥出自己的潜能。当然，他们更希望你避开自己的短处，不管这些人跟你什么关系，他们都希望你有更好的发展。

第五，在你的人生中分享你的快乐和痛苦。在人生旅途中，跟你分享快乐的人有很多，陪你经历风雨的人却很少，在面对困难时，愿意和你分享痛苦的人就是你的贵人。

总之，贵人是我们人生道路上的导航仪，他能帮你指引方向，照亮事业的前程。是你事业中的后备力量，能为适当的时期给你鼓劲、加油。

除此，在做对事上需要找对人外，有时贵人的一句抱怨也能给你的事业带来价值。

> 小江本是一名打工族，因不满于现代生活于2003年筹钱开了一家水族店，自己当起了小老板。刚开始，他并不精通这个行业，只能学别人的样儿，卖些观赏鱼、水草及鱼缸定做业务。一年下来，所赚不多，只能勉强地维持生活。开店不赚钱，他觉得生活的压力很大。当时销售宠物鱼的风险很大：一条金龙鱼进价往往高达几千元甚至上万元，往往需饲养半年甚至一年多，等它长成漂亮的成鱼后才能卖出。观赏鱼行业竞争激烈，利润只有10%~15%。生意不好，再加上金龙鱼有积压，没过多久，小江的资金周转也出现了危机。他开始找对策应付这场危机。

一天，他给一位客户送观赏鱼，临走时，忽然听到对方抱怨说："这养鱼倒没什么，就是这个鱼缸太难清理了，你们为什么都不肯做清理鱼缸的业务呢？"原来，大部分人购买观赏鱼时，必然会配套购买一个中高档的鱼缸，配上背景、假山和水草，形成一个迷你海底世界。可是，观赏鱼非常娇生惯养，鱼缸内的水体水质不良、外界的干扰或者刺激、饲养不当等原因都会引起鱼儿生病、死亡，所以需要定期换水、清洗鱼缸、修剪水草。可到底如何清理维护鱼缸，养鱼者根本不懂，每次打扫内壁时稍不留神就会要了鱼的命。而一般水族店和宠物医院觉得麻烦，都没有提供清洗鱼缸的业务。

在这个时候，小江心里萌生了一个念头，如果改变策略来做鱼缸的护理服务，市场前景一定不错。他上网查看，发现在北京、深圳等大城市这种专业的上门服务果然十分红火。于是，他关了水族店，开始专心做鱼缸护理、为鱼治病的售后服务。小江印了上千张名片，主动上门找到水族馆老板们，希望他们在卖鱼时顺带介绍一下自己的护理业务。小江免费给商户的观赏鱼"看病"作为回报。水族馆的不少商家都是初入行，从外地进货到店，鱼儿水土不服生病的事情也时有发生。而小江对鱼的生活习性了如指掌，看个小鱼病什么的根本不在话下。水族店卖鱼时，只要顺带介绍小江的护理业务，就能获得免费的鱼儿护理，所以商户们都很乐意地当起了小江的宣传员，他的客户大多数都是通过水族馆的老板介绍的。眼下，他的生意好得不得了，平均每天都有四五个单子，要求上门包月护理鱼缸的客户就有100多个，如今，他的月收入超过了1万多元。

客户的一句抱怨使得小江抓住了商机，并找到了合适的行业，大大缩短了创业历程，获得了不错的财富收入。

其实，对于创造财富，对于寻找贵人，只要用心，你是可以抓住机遇的。眼界开阔一点，头脑灵活一点，那么，在事业的拐角处，你一定能看到别样的风景。

5．贵人背后的其他力量也能给你的事业加分

依托贵人的力量，可以壮大自己的事业。另外，贵人身后的力量也不容忽视，这些力量可以带给你更多的资源和机遇，能让你的事业更好、更快、更强地发展。

> 毕业于清华大学的邓迪，目前的工作是做视频和无限存储技术，但他并不满足于自己的工作，他有创业的想法，但他手里没有足够的资金。也是在这个时期，他结识了高燃。邓迪的核心技术吸引了高燃，两个人很快达成合作。高燃利用自己的人脉优势，使得他们的公司很快获得了融资。
>
> 高燃在入大学的第一年就加入了学校的十几个团体，这为高燃结交人脉提供了很多机会。到了2004年，高燃认识了著名企业家蒋锡培，经过一段时间的接触，蒋锡培认为高燃是一个不错的青年，他很欣赏高燃干事业的信心和决心，并决定给他投资100万元。
>
> 这100万元给高燃和邓迪带来了很大的事业希望。同时，在高燃认识的同学的牵线下，他们又获得了美国的一笔1000万美元的风险投资。不久之后，他们的MySee的价值上升到千万。

邓迪和高燃是幸运的。如果邓迪没有遇到高燃，如果高燃背后没有那么多人脉关系，他们还有今天的MySee吗？广大的人脉关系给他们的创业创造了机遇，为他们的成功创业提供了不可缺少的必要条件。我们要善于把握贵人

不要放跑你的贵人

背后的力量，贵人背后总会有很多朋友，他们可以给你不同形式的帮助，有的是直接的财富，还有的是精神上的慰藉。

因此，你不仅要学会与贵人相处，还要与贵人背后的人脉搞好关系。下面给你提供一些与贵人相处的原则。

首先，如果你的身边有贵人，你要敢于跟他们说话，要有足够的自信。并且试着与他们沟通，学会聆听。这样，可以获得心理上的满足，也会因为这些，他们会更愿接近你。

其次，贵人背后的朋友能让你发现很多有用的信息，这些信息可以帮你赢取赚钱的机会。另外，你在分享他们的信息的时候，也要把你的信息分享给他们，这样可以增强你们的和谐关系。

再次，要给贵人背后的朋友一个好印象，让他们给自己带来更多的人脉。

还有一点需要注意，每一位贵人，都会遇到自己的困难。如果你在适当的时候帮助了他们，他们会铭记于心，最后也会带给你意外的惊喜。

除此之外，当你获得贵人之后，还需要挖掘贵人身后的真正的力量。因为一个人的命运的改变往往是一串人组合的结果。

1977年恢复了高考后，来自乡村的李一在三位贵人的帮助下，有幸赶上了1978年的高考。这次考试，彻底改变了他的命运。

最初，李一在一座水库上当民工，得知恢复高考的消息后，在人们的鼓动下，也报名参加了高考。7月6日一大早，他在公路旁边等待到县城的公共汽车，由于人多，李一怎么也挤不上车，眼看就要误了考试时间，他非常焦急。这时，远处开来一辆手扶拖拉机，他不顾一切上前拦车。在那个时代，手扶拖拉机是大队干部的专利，一般人可不能随意乘坐。所以司机最初一口拒绝了李一的搭车请求，更何况他要去的地方并不是县城。李一只好坦白，表明自己是去参加高考的。在那个年代，能够去参加高考的，都会被人高看几眼。于是这位司机师傅一口气将李一送到了县城。临别时,萍水相逢的司机见李一的鞋子破了,便送给他一双半新半旧的布鞋。李一很感激这位贵人。

这天是考历史,看到试卷上的试题,他游刃有余地一气呵成。如果按他的初中文化水平,这些题应该答不上的。可有幸的是他在考试前的前一天遇到了一位贵人,这位贵人是某大学历史系毕业的张老师。张老师见李一的历史知识比较薄弱,便给他详细讲解了历史科目考试的规律和要点,虽然只辅导了40多分钟,但这可贵的指点令李一获益匪浅,最终使他的历史科目考了80多分,总分正好在大学的录取范围内。

随后,李一还要接受政治审查。万事俱备,只欠东风。李一的家庭成分不是很好,为了确保通过,政审老师帮他来找村里的政治队长,结果在政审老师的照顾下,李一顺利地进入了大学学习。在学习期间,他真正地领略到了文化巨人托尔斯泰、普希金、伏尔泰等人的真知灼见。他们的思想进入了李一的内心,同时也改变了他的命运。

一个人的命运的改变,有时是一连串贵人的组合,这些贵人会一个接一个地出现,他们会在你最需要帮助的时候发出亮光。所以,你面前的贵人重要,贵人背后的贵人也同样重要,他们都可以改变你的命运,都能给你的事业增加分量。

6.贵人的处事方法不一定友善

我们所接触的贵人中,大多数是友善的,但也有一小部分属于冷面贵

人。对于冷面贵人我们也应该采取积极的态度来善待，只要你真诚地善待他们，机会来临之时，他们一样会给予你帮助。

台湾电视节目《全民大闷锅》的当家主持人九孔，目前正从事着火暴的模仿节目。当初，他之所以能进入综艺圈，全是缘于冷面贵人、金牌制作人王伟忠的特别待遇。

王伟忠，台湾地区知名电视节目主持人，在台湾号称综艺"教父"，手下有五家电视节目制作公司，他旗下的金星娱乐公司是台湾最大的娱乐制作与经纪公司，堪称造星机器，麻辣主持陶子、大小S、蔡康永等25位著名艺人均出自王伟忠的旗下。台湾民众喜闻乐见的"电视街"、"连环泡"、"我猜我猜我猜猜猜"、"全民乱讲"、"康熙来了"、"超级星光大道"等热播节目均是他一手执导。王伟忠的节目是一贯的无厘头搞笑风格，尤以创意著称，他本人个性偏执，对工作要求严谨，在台湾演艺圈内是非常有名的摄影棚"暴君"。也是这个时候，九孔只身闯进了王伟忠的门下。九孔本名叫吕孔维，原是一名空军飞行员，"九孔"这个艺名是在空军学校时的一位教官给取的，他讥讽说把吕孔维当成靶机，就好像抓海鲜九孔一样轻而易举，九孔也是因此而得了这个外号。

一天，学校准备一次空中试飞进行迫降表演，九孔为了营造真实效果而真的关掉引擎，结果被老师及时制止，九孔于是被停飞退学。从这以后，他便一头扎进了演艺圈。

九孔经过多番周折打听到王伟忠也是空军子弟，他想凭借这个"机缘"，获得王伟忠的眷顾。可是他跟朋友去了几次摄影棚，却总是被晾在墙角，王伟忠根本不理他。无聊的九孔就在那里听王伟忠不绝于耳的咆哮和怒骂，只要节目做得不顺，现场的每个人都会被王伟忠狠狠修理。有一天，骂完人之后，余怒未消的王伟忠无意中一回头，看到了在角落里发呆的九孔，不由一愣，随即大声吼道："是谁把这个长得这么奇怪的家伙带进来的？"

在场的没人敢回话，九孔更是手足无措，一时也不知该说些什么。王伟忠瞪着他，没好气地说："没有角色可以给你演。真想演戏，你就演只'蚊子'吧。"九孔愣了几秒钟后，脸部肌肉开始抽动变化，接着，他眯起了眼睛、尖起嘴巴，双手当翅膀飞舞，口中发出了唧唧的叫声。这下该轮到王伟忠发愣了，他没有想到世界上还真有能与他作对的"对手"。

也因为贵人王伟忠的一通怒吼，九孔获得了一个展示自己的机会。

王伟忠为什么留下九孔？最主要的原因是他从九孔身上看到自己当年的影子：对演艺工作的热忱。这份执著完全可以超越在这过程中所遭遇的任何困难。

九孔对待工作非常热情，他对任何的工作细节都抱着用心的态度，这也是他迈向成功的第一步。到如今，九孔已是著名的《全民大闷锅》节目的当家主持人，他模仿谁都不像，越不像越有名，反而成为个人特色，甚至成了台湾最有名的模仿大师，被称为帅哥杀手。九孔是真正意义上的小丑式明星，演痞子是一流水平。他很敬业，表演很卖力，尽管在节目里属于"受损害的"角色，但他却被观众所拥戴，是《大闷锅》里必不可少的角色。

每个人的事业道路都不会太平坦，当我们求助于贵人时，或许不能马上如愿，也有可能尝试到对方的冷漠态度，你千万不要因此而失去信心和耐心。如果想改变命运，最重要的是改变自己。在相同的境遇下，不同的人会有不同的命运。命运的关键改变在于自己。

还有，若你真想获得成功，不要忘记去接受和肯定自己。在这个世界

第六章　用好贵人，造就完美人生

不要放跑你的贵人

上，每个人都不是十全十美的，不要抱怨命运的不公平，要扬长避短，要有效地发挥自己的长处。只有这样，才能在机遇光临时，发挥好你的优势。

除此以外，贵人也许不会留给你好的形象，他可能会因为考验你而做一些刁难你的事。

安森大学毕业后，就在当地的一家名为蒙特尔的公司做采购员。公司的待遇、工作条件都很不错，唯一使他不愉快的便是他的主管。事多的主管每天都找他的麻烦，诸如："安森，你看看你做的什么！"安森觉得主管一点也不喜欢自己，因为他每时每刻都在找他的差错，想把他踢出公司，所以安森工作起来格外细心，尽量别让主管抓到什么把柄。但有一次他却犯了一个大错。有一条对零售采购商至关重要的规则是不可以超支你所开账户上的存款数额。如果你的账户上不再有钱，你就不能购进新的商品，直到你重新把账户填满，即使这样做会延长采购商品的时间。

正常的采购完毕之后，一位日本商贩向安森展示了一款极其漂亮的新式手提包。可这时安森的账户已经告急。他知道他应该在早些时候就备下一笔应急款，好抓住这种叫人始料未及的机会。此时他知道自己只有两种选择：要么放弃这笔交易，而这笔交易对蒙特尔公司来说肯定会有利可图；要么向公司主管承认自己所犯的错误，并请求追加拨款。正当安森坐在办公室里苦思冥想时，主管碰巧顺路来访。安森当即对他说："我遇到麻烦了，我犯了个大错。"他接着解释了所发生的一切。主管沉默许久，安森心想：这次他一定会抓住这件事大闹一场的。他忐忑不安地等着主管的回答。出乎意料的是，他的主管没有朝他发火，没有责骂他，而是很快设法给安森拨来所需款项。结果手提包一上市，卖得十分火暴，安森也因此受到了经理的表扬。安森主动约他的主管一起吃饭，因为他想知道主管为什么要帮他。当他提出疑问时，主管笑了，说："从你刚进公司起，我就觉得你是一个很有前途的年轻人，我希望你能做得更出色一些，所以一再严格要求你，事实证明你确实很有才干，这也是我出手帮你的原因。"直到这一刻，安森才明白主管的良苦用心，从此他更加努力工作，而主管也从不吝于指导他，当安森30岁时，他的事业和财富都达到了一个高峰。

在你的生活或工作中，是不是也会遇到一些处处跟你作对的人呢？如果有，那你不必和他计较，你只需做好分内的事，让他看到你的能力，或许在将来的某天他会成为你生命中的贵人。

7．"典型"的贵人更能促进你的事业

典型贵人是你崇拜和学习的偶像，这类贵人在很多方面都能崭露头角，他的典型事迹与经历值得你深思，当你下决心去感受他们的力量时，你会觉得典型贵人会对你产生极大的影响。

小蒋在部队已有4年之久，他已熟谙军中的人情世故，是别人眼里很牛气的老兵，但他自己觉得度过的25年人生非常失败。平时他什么都看不顺眼，对谁都不服气，然而自己却一无所长。他觉得继续下去也不是个办法，于是向领导申请，自愿调到一所最为偏僻的军营"锻炼自己"。

第二天，他便到了新单位。到了中午，小蒋去饭堂吃饭，很意外地看见了一名上尉与一班士兵围坐在一起边吃边聊，笑声一片，看起来像个大家庭。这情形让小蒋暗自吃惊。在他的印象中，从来

没见过长官跟战士一起吃饭,还有说有笑的。小蒋备感温暖,同时也对这位上尉留下了很好的印象。事后他得知上尉姓史,是一位军中先进典型。史上尉的随和以及他身上强烈的亲和力让小蒋颇为钦佩,觉得他不怒自威,是一个没有官架子、但说话最有分量的领导。但这还不足令小蒋对他形成敬仰,两人的微妙关系得力于一次雨夜送伞。

那是一个临近深秋的夜晚,11点多的时候,小蒋正与一个新兵在执勤巡逻,突然一场倾盆大雨当头泼下,两人来不及躲避,军装瞬间就被淋透,大风一刮,冷得直打哆嗦。就在这时,小蒋突然看到远处飘来一束手电光亮,同时还听到士兵们大喊他的名字,原来是史上尉来了。

史上尉雨中送伞,在小蒋的心里激起千层波浪,在那一刻,他觉得史上尉就是父亲、是大哥,是一生都可以信赖、依靠的亲人。史上尉的这一举动,触动了小蒋的内心深处。

原来,小蒋的父母心思粗放,再加上一直忙于经营小买卖,平时很少关心儿子的生活细节问题,甚至很少管教他,总是忙得没时间与孩子沟通。时间一久,小蒋虽然装得不在乎,心里却极其渴盼来自父母的体贴关爱。可遗憾的是,直到他入伍也没有等到。在他的记忆中,父母从来没有在下雨的时候给他送过伞,而在这个不期而遇的雷雨之夜,史上尉却在无意间补偿了他所缺失的关爱。史上尉的行为,让小蒋久久地铭记于心。

随着时间的推移,小蒋在军中还听说了史上尉其他方面的事情。当得知上尉在这所偏僻的军营一扎就是13年,因忙于工作导致两个孩子先后夭折,小蒋的心灵被深深地震撼了。他无法相信自己身边还有这样一位默默奉献的真正的先进人物。这下小蒋彻底服气了,他开始反省自己的行为,从此,他坚定不移地向这位贵人靠拢,一切从头做起,他要进行一次彻底的脱胎换骨。

第六章 用好贵人，造就完美人生

他主动提出去守卫距离营区最远的一个执勤点。小蒋打开铺盖安心地住了下来，他每天都把自己弄得很忙，发誓彻底改造自己。但是口头说的和实际操作在进行统一时还真有点困难。尽管心里早就做好了吃苦的准备，但真到了那个艰苦的环境，时间一久，小蒋还是支撑不下去了。愿望与现实的巨大落差让他感到绝望，来自内部的力量已经解决不了他的问题，也是在这个关键时刻，史上尉再次出现，他耐心开导小蒋，不只是言传身教，还经常以身作则去影响他。史上尉用他的细心和耐心触动了小蒋，令他备感温暖。小蒋一直认为雷锋、董存瑞、拿破仑、华盛顿之类军人典型离自己很远，远到无法感觉他们的牺牲和奉献。但先进人物史上尉却完全不一样，他就在小蒋身边，时刻影响着他。他讲的每句话，小蒋都会放在心里，他觉得遇到这位贵人才是自己的人生转折点。跟随史上尉2年，小蒋整个人都发生了很大转变，他获得了专业技师职称，晋升为三级士官，进步很快。他感激地说："当你正好缺少某样东西，而恰巧遇到一位贵人的及时给予，那你一定会感激他一辈子。"

一个人的人生境遇遭遇不济时，都希望能通过另一个环境来改变自己。当你身处这种环境中时，要记得改变自己，用正确的方式审视自己，同时在这个时候，你若遇上了一位贵人，那么，你可以很快地摆脱困苦的环境。从此以后，你的事业会走上正轨，生活也会过得很愉快。

另外，要想拥有更多的机遇，还须学会把成功的人经营成自己的贵人，这样你的事业才会有更大的发展。

埃德沃·波克出生于平民家庭。他在美国的贫民窟中长大，一生中仅上过6年学。6岁那年，他开始半工半读的生活，他干过很多

的脏活累活。6年后,他辍学到电信公司工作。在工作期间,他将省下的钱买了一套《全美名流人物传记大成》。随后,波克就给书中的人物写信,问他们书中写的童年往事是否真实。他记得写信给格兰特将军时,问了他一些有关南北战争的细节问题;他还写信给当时的总统候选人哥菲德将军,问他是否真的在船上工作过。那时候,波克只有14岁,他通过这种方法认识了美国一些特别有名望的大人物:诗人、大作家、哲学家、军政要员、大商贾等。当然,与波克通信的人员相互还算融洽。

在19岁时,波克开始了自己的事业旅程。他一边学习写作技巧,一边向上流社会的权贵人士自荐,为他们写自传。之后,陆续有人邀请他为自己写传记,他不得不雇用几名助手,让他们帮助自己打理事业。

过了一段时间,这位年轻人就被《家庭妇女杂志》邀为编辑。波克在这家杂志社做了30多年,将这份杂志变成了美国销售量最高的著名妇女刊物。正如萨加烈曾说:"如果要求我说一些对青年有益的话,那么,我就要求你时常与比你优秀的人一起行动。就学问或人生而言,都是最有益的。"如果你是一个想成就大事的人,就一定要多结交比自己优秀的成功者。像波克这样,曾经和我们一样平凡,甚至比我们条件差很多,但是,他因为扩展了自己的社交生活,为自己的事业打开了一片天地。

所以,对于想要成功的人士来说,多结交一些不同类型的贵人,不仅能从他们身上学到很多东西,还可以运用这些知识让我们变得更加成熟。

8. 要向贵人请教而不是求助

在生活中，过分地依赖别人，会使自己不能自立。但是如果我们确实是遇到了过不去的火焰山，这就需要借助别人的力量。可是在借助别人的力量时，应该知道，"请教"是一种好方法。

2004年，小翠就职于一家国企，在工作期间，深得同事们的欢心，她可是同事们心中的"万事能"。尤其是同部门的一些同事，每次在工作上遇到困难，都会把求助的眼光投向小翠。他们还时常在小翠的面前打趣说，我们办公室现在就你一个能人，我们大家都相信你的实力，你一定能够把所有的事情都解决好。当然，小翠也没有辜负他们的期望，很多部门同事"大小任务"，小翠都很仗义地为他们出力。

同年，发生了经济危机，危机浪潮席卷了整个行业，在重大压力的背景下，老板和公司高层决定在公司精减人员，以减小公司的开支。最后经过人事决定，裁掉了单纯的小翠和其他几位没有后台关系的职员。

没有小翠的日子，大家才发现，打印文件、图纸和电脑维护等这些小事，离开了小翠，大家玩不转了。有不少人在工作中陷入了僵局：打印文件，不会给打印机换纸；使用局域网过程中链接不上其他同事的电脑，无法传送文件；打印机卡纸没有人知道该怎么抽出纸张。这些事情以前都是小翠帮忙处理，而自己从来就没有亲历亲为过。这时候大家才发现，以前太过于依赖小翠了。毕竟所有跟打印机、电脑、网络相关的那些小问题，平时都遇到过，只不过，那时喊小翠处理一下就行了，而自己跑到一边抽烟，不一会儿，问题自然迎刃而解了。以前，这些员工因为有小翠所以都没有想过这

个问题。

一个小树想要长成有用的大树,必须独自面对风吹雨打。同样,一个人需要学会依赖自己,不刻意等待命运的馈赠才能独立,才可能有所成就。而这种独立的能力来源于对自己的自信,人无自信,无法自立;不能自立,何以自强。所以在平时,我们尽量不要去求助于别人,而最好能采取请教别人的方式。这样,既解决了难题,也学到了知识。

然而,事实正好相反,在我们生活的圈子内,有太多的人总是喜欢依赖他人。只要自己面临的问题中有一点儿小困难,便马上把问题交给别人解决。殊不知,这样的做法正在逐步地抹杀自己的前程。

这些帮助你的人也确实是你的可靠"贵人"。但是,长久下去,你总想着去依靠他们,那么你就会慢慢丧失掉自己原有的坚定信念和自身所具备的责任感。一个人没有了责任感,那么就会一事无成。因为他们已经丧失掉其本身应该具备的能力了。毕竟,温室里的花朵经不起风吹雨打。

因此,在工作中,既需要团结协作的精神,也需要独立自主的性格。因为,只有自己担任主角,才能演义美好的人生。

除此之外,有了"请教"贵人的特质外,还需要在贵人的指点下行动,这样才能将自己塑造成一个可用之才。

1986年9月,在《鹿鼎记》开拍之前,因为不满公司的工作安排,刘德华拒绝了香港无线提出的与他提前续约5年的要求,从此以后,刘德华正式被无线雪藏,他也没有再出演任何一部无线制作的电视剧。就这样无所事事地过了9个月,直到拍摄《投奔怒海》时,他遇到了音乐方面的贵人林子祥。

林子祥就是刘德华的伯乐,他发现了刘德华的演唱天分,于是大加赞赏并鼓励刘德华去唱歌。每天林子祥带着吉他去演出时,刘德华就陪他唱。在无戏可接的日子里，他就独自跑去酒吧唱歌赚钱，一次能赚1800块。开始时，面对别人的批评，林子祥对他说："人家说不好，没关系，你不爱听我的歌也不要紧，我要一直唱到你喜欢为止。"就这样，在被无线雪藏的那段日子，刘德华在林子祥的鼓励下开始练歌，直到自己可以出唱片。也在此时，刘德华所在的无线公司不同意他去签林子祥所在的华纳WEA公司，出于朋友之谊，也是为了感谢林子祥的知遇之恩，刘德华毅然与无线决裂，开始了自己的歌坛生涯，并一发不可收拾。他原本一心想在影视圈发展，没想到阴差阳错地进入了香港流行乐坛，并和张学友、黎明、郭富城一起携手共同开创了香港流行音乐的"四大天王"时代。

是金子就一定能发光，只是需要贵人来寻找和挖掘。人生的可贵精神不在于发现贵人，而在于善于利用贵人，让贵人帮助自己实现难以达到的事业梦想。渴望成功，出人头地是每个人的理想。为了实现理想，自己最需要的是能获得帮助你架起桥梁的人，只有这样，你才能通往成功的事业。

除此以后，对于贵人这种稀有资源，要格外珍惜。因为"贵人"是在你人生转折点能给你指明道路的人，他们对你的人生成长有着非同凡响的意义。

有3个快要毕业的大学生，平常因为表现出色，成绩优秀，他们被学校同时分配到一个机关实习，在同一个办公室办公。除了他们三人外，办公室里还有一个中年妇女，他们都称她为阿姨。

因为是公司的元老，自然监管着公司的公文，但她写公文的水平实在不怎么样，经常会出现一些差错。其中有两位大学生自认为自己的学历高，不把她放在眼里，经常性地嘲笑她。为了减少职业上的冲突，这位阿姨也没跟他们一般见识。还有一位大学生来自农

第六章 用好贵人，造就完美人生

村,他总是兢兢业业地做事,从不参与他们的恶作剧行为。有时,他在处理完自己手中的事后,还会主动地去帮助这位阿姨。实习期满,那位来自农村的大学生顺利地分配到了那个机关单位,而另外两个大学生却名落孙山。事后,他才得知,自己之所以被留下完全得力于那位阿姨。

这些都是那位农村大学生平时在工作中种下的善果,现在有了好的回报,很快就被提拔到科室里面工作。后来当这位大学生成为正式员工后,他被专门调到了机关的领导身边做助理。

因此,我们要善待身边的每一个人,因为贵人有时就在我们善待的人群里,只有真正地找到生命中的贵人后,才能使自己的事业有一个崭新的局面。

9. 借贵人护航,你将平安出海

有贵人护航,可以帮你消除事业道路上的障碍,可以让你的事业更顺畅。因此,我们要善于借助贵人的护航力量,来抵御风险。

在20世纪60年代时,香港两家大银行发生挤兑风潮。廖创兴银行力量薄弱,由于无贵人相助,最终银行倒闭,老板也被气死;而恒生银行则因为汇丰援手,缓解危机之后焕发出了生机,事业也是越做越大。

1961年6月14日,香港爆发了第二次世界大战以来最大的银行挤兑风潮。廖创兴银行人山人海,储户排着长龙般的队伍,焦虑地等待提取存款,有的储户甚至夜宿街头,等待次日提取款子。挤兑风潮连续三天,排队挤兑的总人数逾两万人次。如此汹涌的挤兑风潮,即便是金山银山也会搬空。该行创始人廖宝珊处在极度痛苦之中，他知道照此下去，银行只有关门倒闭一种结局。处在困境中的廖宝珊，多么希望有一个贵人出现帮他一把呀！

1903年，廖宝珊出生于广东潮阳乡下，父亲是农夫，稍有积蓄便开了个杂货店。廖宝珊是侍妾所生，其父过世后他受到正房排斥，无法在乡下待下去。廖宝珊于1941年偕妻儿来到香港谋生，先是在一间油庄做伙计。有了资本后，他开店做起了老板。后来又经营布匹生意，最后又投资了房地产，这些项目都让他狠狠地赚了一笔。

直到1948年，廖宝珊创办了廖创兴储蓄银行在中环永乐街开业，这时的廖宝珊，在事业上如日中天。接着，廖宝珊炒金，所向披靡，赚得盆满钵满。当20世纪50年代炒金降温时，廖宝珊已有数百万身价。最后，他又去炒房地产，也是胜利而归。

1955年，廖创兴储蓄银行正式改名为廖创兴银行，注册资本为500万港元，实收资本400万港元。廖宝珊在香港银行界首创"高息小额存款"，大量吸收小市民存钱，在100元至1000元这个档次内，月息竟高达6厘。一时间前往廖创兴银行存款的人趋之若鹜，该行实力猛增。廖宝珊用这些钱放贷收息，最后又大量买地开发楼宇卖出，赚得他心花怒放。到1961年新年伊始，他自豪地向媒体宣布：他的家财已超过1亿港元的收入。

月满则亏，突然有一批储户拥向廖创兴银行，仓促提款，第一天流失储户资金300万港元。一夜之间，谣言四起，称廖宝珊将储户资金全挪去炒房，存户账号掏空，他已无钱兑付；又称他早知挤兑在即，已把资金席卷一空，逃到国外去了；等等。

到了第二天，真正的挤兑风潮开始爆发。廖创兴银行中环总行、湾仔分行、九龙分行、旺角分行、太子道分行等营业场所尚未开门，早已人头攒动，等候提款的长龙吓坏了银行职员。在这种情况下，银行的钱只出不进，哪还会有人来存款！押款车不停穿梭于各分行之间，仍应付不了挤兑要求。三天之内挤兑者逾两万人，流

第六章 用好贵人，造就完美人生

不要放跑你的贵人

失存款总额达到3000万港元。

现在，廖宝珊只有两条路可走：一是宣布破产，接受清盘；二是割肉护行，来日东山再起。他选择了后一条路。接下来，他四处向其他银行求救，希望此时能有贵人出来挽救这艘即将沉入大海的帆船。

他的希望再次破灭，其他银行或以种种理由婉拒，或以交董事局研究拖延。廖宝珊见大势已去，绝望地吼叫："你们见死不救！见死不救！"喊完后泪流满面。最后，他好不容易与汇丰、渣打两家银行谈成援助事宜，然而，在翻译登报时又译错，一句"廖创兴银行之业务，完全置于汇丰及渣打银行控制之下"，廖宝珊看到这一消息时，气得他脑血管破裂身亡，当时年仅58岁。

到了1965年，香港挤兑风潮再起，来势比1961年那次还要厉害。明德银号破产，拥有35间分行的老牌广东信托商业银行也关门倒闭，恒生银行危在旦夕！董事长何善衡面临着严峻的考验。恒生银行是闻名天下的一家银行，世界证券市场有四种重要的股票指数，其中一种就是香港的"恒生指数"。该行经过多年发展，实力猛增。但面对挤兑风潮，恒生仍难逃危险。正当恒生危在旦夕时，汇丰银行伸出援手，成为挽救它的贵人。但汇丰以换股为条件，恒生断腕保躯，易帜求生存。何善衡依然当董事长，度过危机后，恒生银行于1972年5月上市，发展势头力不可当，20世纪80年代总赢利超过百亿港元。恒生银行也再次迎来了第二个春天。

面对挤兑风暴，两家银行有着两种截然不同的命运，这让我们感受到了贵人的力量和重要性。因此，在生活中，我们要提前储备好贵人，这样才能在危难来临时及时化解不幸。

有贵人帮你护航，你将平安地出海。贵人是非常重要的，贵人可以拥有很多，但有时候，一个金牌贵人也能帮你铸就成功。

第六章 用好贵人，造就完美人生

容祖儿是香港英皇集团旗下艺人，于2003年，曾红极一时。论容貌、唱功她只能算作普通，一个平民女子是怎么走红的，答案其实很简单，她的身边总有贵人相助。她的贵人是英皇集团艺人管理部的总监霍纹利，以及她的师父罗文，还有著名经纪人霍纹希。有这么多的贵人出手，想不红都难。不过，在这群人的背后，还有一个最重要的金牌贵人，他就是英皇公司老板杨受成。

容祖儿的事业道路其实也很坎坷，虽然15岁时就获得卡拉OK大赛冠军，从此便步入了娱乐圈，却一直没有出头的机会，一连签了好几家唱片公司都落得解约的结果。不受命运眷顾的容祖儿后来被英皇老板杨受成看中，于是转而投向英皇集团，拜在著名音乐人罗文的门下。直到此时，容祖儿的事业云开见月明。她身边总有贵人：英皇老板杨受成对她格外宠爱，恩师罗文教会她如何唱歌，她还获得著名经纪人霍纹希的赏识，她专门为容祖儿设计了演唱风格，亲自为她挑选歌曲。公司集中时段买断所有香港媒体封面，轮番刊登容祖儿照片，她的事业获得了空前的发展。

众人划桨能开大船，加上容祖儿本人也非常努力，唱歌，拍电视、电影，接广告，一刻不停地忙碌。在众贵人的努力打造之下，容祖儿奇迹般地迅速成为"英皇一姐"，首张唱片就登上了香港唱片协会销售榜第一名，创下连续上榜23周的纪录，《痛爱》、《争气》等都成为卡拉OK的热唱歌曲，容祖儿再次受到人们的热烈欢迎。

到了2003年，23岁的容祖儿迎来了绿意盎然的春天，她凭借歌曲《我的骄傲》横扫年底各大颁奖典礼，囊括了"全球华人至尊金曲"、"全年最高销量女歌手"和分量最重的"最受欢迎女歌手"等奖项。公司又顺势在香港红馆推出她的个人演唱会，众多名人嘉宾出席陪衬，大获成功。一手捧红她的贵人老板杨受成更是亲临现

场捧场，容祖儿的人气也再次获得上升。

容祖儿的人生际遇，只因获得贵人杨受成一手提拔，靠着密集的曝光率和凌厉的宣传攻势将其包装成旗下主力歌手，红极一时。而她回报给英皇公司的钞票也不计其数，在事业的发展中，她与贵人达到了双赢。

即便贵人愿意无偿地帮助你，但不管怎样，你都要给予贵人适当的回报。只有抱着这样的心态，你才能广结人缘、与贵人和谐相处。因此，在与贵人合作时，一定要考虑对方的利益，这样你们的合作才能长久，才能使你的事业蒸蒸日上。

第七章 贵人能传输给你怎样的力量

1. 化腐朽为神奇，起死回生

挫折是人生道路上必不可少的风景，遇到挫折后我们要借助贵人的力量进行清除。只有贵人相助，才能使我们少走弯路，也只有贵人相助，才能帮我们及时找到成功的正确方向。

在20世纪90年代初时，中国的互联网还属于一个新兴事物。当时，商业嗅觉敏锐的张朝阳开始为自己的互联网事业融资。也是这个时期，张朝阳受到过很多投资者的戏弄。他经常往返于国内外，给不同的风险投资公司打电话，尝到过不同滋味的拒绝方式。

处于那个年代的国内外投资人，他们大多都不相信中国的互联网事业能发展得特别好，他们觉得给张朝阳投资绝对是一件冒险的事情。他们的观点，让张朝阳一次次陷入绝望中，但是坚强的他并没有因为投资人的拒绝而放弃，他还是坚持努力。在这关键时刻，在互联网领域比较有影响力的大师尼葛洛·庞蒂表示支持张朝阳，他把张朝阳引荐给了美国加州的一些亿万富豪。同时，尼葛洛·庞蒂给张朝阳的爱特信公司投资17万美元，张朝阳终于可以施展自己的抱负了。在公司员工的共同努力下，张朝阳携带着这些风险投资开始创业，并让公司开始正常运转起来。最后，他创办了中国最早的门户网：搜狐网站。

不要放跑你的贵人

有过创业经历的人都知道，只要是创业，在创业的初期都是很辛苦的，但是，张朝阳是幸运的，他在最困难的时刻遇到了能为他提供帮助的贵人尼葛洛·庞蒂。也是因为抓住了这次机遇，张朝阳成为了中国互联网领域的鼻祖。

不管我们遇到何种不堪境遇，如果有了贵人的帮助，我们就能坚持走下去，并且可以迎来新的希望。当我们遇到困难和挫折，在关键的时刻，有贵人出手把我们引荐给业界佼佼者，或者给我们援助资金，我们的事业就能从阴霾的环境中走向光明，让事业获得运转，成功也就指日可待。

也有一些安分守己的人，他们没有想过创业，也没有想过要干大事业，只想他们的人生能平凡地度过。在他们的眼里，觉得贵人无关紧要，其实这种想法是错误的，没有谁会一帆风顺，每个人都会多多少少地遇到困难。所以，为了事业的前景，贵人的培养不可忽视。

贵人的出现有时帮你解决一些实质性的小问题，有时会让毫无生气的企业充满活力。

在20世纪70年代以前，香港电影界一直由邵逸夫的邵氏公司称霸天下，其地位之固，无人能使之动摇。到70年代初，嘉禾公司发起猛攻，想与邵氏一争天下。嘉禾的掌门人邹文怀是邵氏的昔日干将，他为何要自立门户，最后与拥有雄厚力量的邵氏公司一争高下？

毕业于上海著名的教会大学圣约翰大学新闻系的邹文怀，曾做过上海一家英文报纸的记者。邹文怀原籍是广东省潮州市，1949年他来香港，重操旧业，继续做英文报纸记者，当时月薪为60港元。一年半后他转到"美国之音"驻港机构工作，享受香港记者同行最优厚的待遇，他在这里度过了7年的职业生涯。

邹文怀天资聪颖，他不仅精通英语、粤语，而且还擅长宣传策划。因为是一个不错的人才，后来被邵逸夫挖去负责宣传工作。

第七章 贵人能传输给你怎样的力量

1959年邵氏家族从影片发行放映转到以制片为主，在清水湾建立起宏大的邵氏影城。60年代中期，邹文怀升任制片主任，职务仅次于老板邵逸夫。在邹文怀的管理下，邵氏公司打败了称霸影业行业的"国泰"。

自立门户才是创业中的上上之策。1970年4月，邹文怀带着他的几个亲信离开邵氏，开始创办嘉禾影业公司。起初有一批导演和演员，准备在嘉禾筹备完毕后加盟，获得消息的邵逸夫立即给这些导演和演员加了薪，真正去嘉禾工作的人员只有稀少的三四个导演和演员。

势力单薄的嘉禾，在创业之初备受同行的歧视。当初承诺助嘉禾一臂之力的台湾富商也临阵逃脱。创业的旗帜已经打起，现在想撤已经没有退路。影业圈的人认为，邹文怀没有财力的支撑，如今又面对邵氏的封杀，想要在这个行业立足，可能性微乎其微。

正在这艰难时刻，邵氏公司也放出风来，谁为嘉禾拍片，再红邵氏都不会用他。香港影视界的职员都怕得罪邵氏，在事业的关键时刻，伸出援手的人员少之又少。逆境中的邹文怀，对跟他过来的三四个导演和演员心怀感激，如果不是他们，那他就是一个光杆司令，拍片工作也会步履维艰。

嘉禾公司在邵氏的封杀下，更加激起了邹文怀的事业斗志，他要用行动杀出一条血路。由于缺少资金，邹文怀率先在香港影业引进制片人制度。当时的制片人制度兴起于20世纪60年代的美国，其核心是谁投资谁受益。通过改革制度，为嘉禾的经费缓解了压力。

在演员的实力方面，邵氏公司是明星如云，而当时嘉禾只有一个男明星，他就是与邵氏反目的武打演员王羽。按嘉禾当时的财力，只能拍一些小成本影片。缺乏大制作，这些影片大都业绩平平。直到李小龙加盟，嘉禾公司才逐步摆脱困境，公司的事业慢慢

不要放跑你的贵人

地如日中天。

李小龙的祖籍是广东顺德,从小生长在香港,是个少年武术迷。18岁那年他赴美留学,先后在西雅图和洛杉矶开武馆。他武艺高强,在西方掀起了中国功夫热。李小龙还喜欢拍电影,渴望做好莱坞动作明星。但他怀才不遇,只在影视中做过第二主角和一些跑龙套的角色。也是朋友的牵线,邵氏公司与李小龙达成了合作意愿。双方在一起谈条件,李小龙开出每部片酬1万美元的价格。当时邵氏公司的一些大明星,每部片酬也只有五六千港元(约折合1000美元),邵氏认为李小龙狮子大张口,公司只肯出2500美元。邵氏吩咐手下人,叫李小龙自己先来,一切再作安排。邵氏的态度激怒了李小龙,他宣布,从此以后不再与邵氏进行合作。

嘉禾的邹文怀慧英识才,他立即指示在美国的女干将刘亮华前往游说李小龙。嘉禾开出7500美元的片酬,虽低于李的1万美元,但大大高于邵氏。尽管这个片酬不及好莱坞配角的片酬,但李小龙从中看出了邹文怀的诚意。为了洗刷心中的愤怒,李小龙答应与邹文怀合作。

到1971年夏,嘉禾与四维公司通力合作,由李小龙主演的《唐山大兄》在泰国开机。拍片的双方投入了40万港元,若不成功,嘉禾与四维只能面临倒闭。李小龙脾气不好,在拍片时老与导演发生分歧,邹文怀却从中调节他们的关系。

1971年10月,《唐山大兄》在香港首演,这次首演竟成功地一炮打响。当时一部影片首映一轮的票房收入达到100万港元,就算非常成功的卖座影片。《唐山大兄》由李小龙出色的出演,在香港首轮连映三个星期后,创下350万港元的全港影院票房最高纪录。李小龙也由此影片,在一夜之间成就了自己的大明星事业。接着,李小龙主演了第二部功夫片《精武门》,创下400万港元的本地首轮票房纪录。为了以后能更好地合作，邹文怀让他自编、自导、自演第三部影片《猛龙过江》，结果该片创下450万港元的票房纪录。这三部功夫片还发行到东南亚、中国台湾、日本等地区或国家，影片的成功演出使得嘉禾的财富倍增，也使得嘉禾公司的名声名扬四海。

邵氏老板正惋惜李小龙这个人才时，李小龙又参与了嘉禾与美国华纳兄弟公司联合拍摄的又一力作《龙争虎斗》，该片仅在美国一地的票房收入就高达300万美元之巨，而全部投资才花了80万美元。嘉禾凭借李小龙这个牌子，不断推出卖座影片，收益猛增，这些力作震撼了老牌邵氏公司。可惜的是，1973年李小龙神秘地死去，邹文怀痛惜万分。

与李小龙合作后的嘉禾公司，规模不断地发展壮大，现在，嘉禾已有足够的实力与邵氏匹敌。到1993年，嘉禾推出了《忍者龟》续集，创下7亿港元的收入。时来运转，现在，香港当红明星纷纷驻扎在嘉禾麾下。

同样的一个人才李小龙，投奔在邵氏公司门下，他的价值未被挖掘，而嘉禾公司的贵人看到了李小龙的价值。因此，让大家明白了一个道理，能不能找到有潜力的千里马，关键是靠贵人伯乐的慧眼识别。

嘉禾之所以成功，就在于邹文怀善于发现人才，正是人才的加入，成就了嘉禾的辉煌。

2．贵人让你的人生更加精彩

在成功的道路上，有贵人为你撑伞，你可以轻松避雨。在雨伞下，你可以获得心灵上的慰藉和精神上的满足，而且能更多地能体会到贵人带来的希望，这个希望能给你力量，可以驱使你继续前进。

不要放跑你的贵人

小F刚大学毕业，天天奔走于人才市场，一直没有找到满意的工作，处处碰壁，这让他有点心灰意冷，无奈之下，选择了做一名送水工。他整天看别人的脸色行事，工作很不如意。在一段时间内，小F对未来充满了恐慌，他开始怀疑自己的能力和自己存在的人生价值，甚至一度有过轻生的念头。他为一位老奶奶送水时，老奶奶见他垂头丧气的，便询问他的近况。他获得了老奶奶的关心。在奶奶的劝慰下，小F找到了久违的自信。后来，在老奶奶的帮助下，小F进入了一家私人企业。在和老人的聊天中，小F明白了一个道理，每个人都会遭遇不如意，只要努力，自己的生活可以变得美好。

每个人都渴望获得贵人的提携，希望通过贵人可以改变自己的前程。假如这种机遇降临，人们便会更加的珍惜。同时你会以自己的努力，向美好的前程靠近。

年仅5岁的明明喜欢在沙滩上造城堡，他已将栅栏围好了，正想把城堡建造得更大更精致些，然而意外发现自己的"势力范围"之内多出来一块巨大的石头。为了城堡的修葺更顺利，他决定将这块石头清理出去。可是对他来说，这块石头太大了，明明花费了很大的力气仍然无法将它搬开。除非将城堡扒了，将石头推出去。明明又不甘心这样破坏自己的成果，但一时又无他法，急得大哭起来。爸爸走过来问清了事情的原因，对他说："你再想想别的办法或许能搬走这块石头。"明明委屈地说："爸爸，我想了好多办法，但是都弄不走这个石头。"爸爸又说："好孩子，还有一种方法你没有想到啊。"男孩感到迷惘，爸爸接着说："你是不是还可以请求爸爸来帮忙呢？"于是，明明在爸爸的协助下搬走那块大石头，城堡获得了成功的修建。

有时,一个人的力量是有限的,在有限的力量里如何来完成自己想做的事业,那么你可以利用你的贵人资源寻求帮助。或许贵人的一个点子,一分鼓励,便让你看到成功的曙光。

第七章 贵人能传输给你怎样的力量

瑞典著名演员葛丽泰·嘉宝所拥有的知名度,要比以往瑞典王座上的所有威严的帝王们还要高出许多。在最初时,谁也想不到这位幸运儿会成为世界著名人物,包括她的老板怎么都没料想到嘉宝会有今日的光辉。嘉宝的父亲在她14岁时就去世了,她只得辍学,开始自己谋生,先后做过理发店店员、推销帽子的业务员。然而,改变她命运的是一件小事。有一天,她向老板提议,店里应该为帽子做一个广告,这样销量才更大。店主采纳了她的建议,决定拍一段帽子广告影片,因为这个机缘,嘉宝成了模特儿。这段广告被一个很有眼光的电影导演偶然看见,电影导演建议她去一所戏剧学校念书。想到演员和影视,那璀璨的星光之路是嘉宝不敢奢望的。经过导演的多次劝说,嘉宝辞去工作,进入戏剧学校学习。她从出演一些小角色开始,获得了越来越多的好评,她的银幕之路也因此变得更多、更广、更顺畅,最终一步一步走进世界著名影星的巅峰之列。

嘉宝是一个神秘且内向的人,她可能从来都没有想过要去影视圈中发展自己的事业。如果没有获得导演的一番劝说,嘉宝也许不会有今天的美丽光环。

贵人的精神很可贵,他不仅能发现你的潜能,给你的人生之路注入力量,而且能让拥有杰出才能的人有用武之地。

不要放跑你的贵人

钟理和是台湾乡土文学杰出的奠基人之一，在台湾文坛享有"乡土文学之父"的美誉。他创作的长篇小说《笠山农场》、中短篇小说集《原乡人》等，在文坛颇具影响力。可是，钟理和一生贫病交加。如果没有作家林海音的帮助，他的文才可能无人知晓。贵人林海音的出现，成就了他的文学创作之路。

广东梅县是钟理和的祖籍，他1915年生于屏东高树，其祖父和父亲均为农民。1923年，钟理和随父移居高雄美浓镇尖山，在父亲办的农场里当助手。第二年，他爱上了农场女工钟台妹，因为是同姓联姻，一致遭到社会和家庭的竭力反对。到1940年，钟理和偕钟台妹离家出走，他们在沈阳结为夫妻。1941年夏，他们全家迁往北平。钟理和先在日本人开办的"华北经济调查所"当翻译，虽然收入不错，但出于民族气节，他当了三个月就辞职了。辞职以后他主要以卖煤炭为生，也是这个时期他开始了创作之路。直到1945年，他在北平出版了第一本小说集《夹竹桃》。

在抗战胜利后，钟理和与钟台妹于1946年一同回到了台湾。之后，他在屏东内埔初级中学担任代课教员。1947年10月，钟理和因肺病住进松山疗养院，在病魔的折磨下，钟理和坚持创作。疾病促使他将家产变卖，家中变得一贫如洗。文学创作成为钟理和的精神支柱，他发表在台湾报刊的第一篇小说《苍蝇》，获得了著名作家林海音的欣赏，当时林海音在《联合报》副刊部工作，同时兼任《文星》杂志编辑，她是一个慧眼识英才的伯乐，曾在稿件中发现了不少文坛新秀。

林海音原籍台湾苗栗县，于1918年4月在日本大阪出生。1921年回到台湾，两年后全家迁居北京。在北京一住就是25年，直到1948年林海音才随夫回台湾，所以她一直把北京视为她的第二故乡。回台湾后她先在《国语日报》任编辑，1953年底受聘于《联合报》副刊。在《联合报》副刊工作时，林海音开始了文学创作之路。

之后，林海音出版了长篇小说《晓云》、《城南旧事》、《春风丽日》和《孟珠的旅程》，其中1960年出版的《城南旧事》是她的处女作。除了这些之外，她还出版过短篇小说集《婚姻的故事》、《烛芯》等，另有散文集《冬青树》、《两地》、《作客美国》、《窗》等作品，她被公认为20世纪50年代台湾怀乡文学的代表作家。

林海音与钟理和的友谊，在台湾文坛常被传为佳话。从她指点钟理和的第一篇小说起，便与钟理和结交为文友，在这以后，她多次编辑刊发钟理和的作品，最终使默默无闻的钟理和渐渐地在台湾文坛增加了不少名气。

《笠山农场》是钟理和的代表作，这篇作品也倾入了不少林海音的心血。这部长篇小说于1955年写成，林海音对作品提出了不少修改意见。第二年该作品获台湾"中华文艺奖金委员会长篇小说奖"二等奖，但作品受到台湾当局的控制，在钟理和的有生之年一直没有获得出版。

1960年8月4日钟理和因病离开人世，他的好友林海音、钟肇政等组成"钟理和出版委员会"，集资陆续出版了他的著作。到1976年，在林海音等人的安排下，由张良泽负责编辑，出版了《钟理和全集》8卷，这一工作的完成，为世人提供了一个完整的"钟理和人生"，特别是他生前写的50多篇中、短篇小说和一些散文、日记、书简等获得整理保存，为后人评价钟理和提供了依据。享有台湾"乡土文学之父"的钟理和，如果泉下有知，他一定会感谢贵人林海音的鼎力相助。

贵人是人生道路上的及时雨，是你成就事业的基石，有他与你相伴，你将不再孤独，在他的照耀下你的事业定能闪现出希望和光明。

3．学习贵人的优点，铸就个人事业

贵人是成功道路上的引路人。贵人的优点可以帮我们改变现状，改变事业的方向，能给前进的道路带来关键性的转折。

中国国际教育产业投资集团的郗慧林，是一个集美貌、智慧于一身的商界成功人士。她是校园在线教育集团的首席执行官，掌控着6000万美元的企业资产，她的事业具有传奇的色彩。

郗慧林的成功有一段美丽的传说。她14岁时就上了大学，到18岁毕业成为最年轻的大学英语教师，21岁辞职经商，22岁闯荡华尔街。又过了5年，她成了华尔街理财顾问，个人资本达到1000万美元。直到1997年，她决定回国创业，在北京成立了第一家网上学习商务公司，公司的名称是"育才国际远程教育网"，随后又联合风险投资共同创办了校园在线集团。

郗慧林之所以取得成功，主要是因为她善于借助别人的成功方式，给自己添加成功的力量。美国商界精英内伊姆首次创办了网络在线教育，成立了美国最大的网络学校凤凰大学。他的旗下拥有60个校园，学生遍及美国各地，每季的净收入成倍增长。不久，网络教育公司被商业周刊等权威媒体归为未来最具成长力的商业企业。郗慧林看在眼里，记在心里，经过一番探索，她成功地借鉴内伊姆的经营模式，在国内成立了一所"凤凰大学"，并在她的苦心经营下，迅速成为目前国内网络教育领域里的先锋主力。

之后，郝慧林又取得了英国朗文集团的"朗文成功英语"在中国的独家代理权，拥有一流的全球垄断性的英语学习产品。接着，她在全国设立了100多个朗文领先英语学习中心，该项课程仅在国内大学的学员就超过10万人。她的"校园在线"是中国最大的民间教育服务机构，旗下的"终生学习网"成为目前中国规模最大的远程学习网络，拥有在线用户6万多人，注册用户18万人。规模之大，学员之多，吸引了国外的大学校长来找郝慧林商谈，要求合办教学点。郝慧林把自己的成功归纳于敢于冒险和精心运用"贵人"资源。在"校园在线"步入正轨之后，她又一鼓作气成立了亚太地区规模最大的以学习性为主、商务性为辅的高级专业会所"知识·财富会所"，经过努力，在短短的几年时间，她已在北京、上海、深圳等一线城市注册了多家分会所。

在事业发展的道路上，除了个别的商界人士可以轻松取得成功外，绝大多数的普通人没有谁能够随随便便地取得成功，成功的力量需要自己找寻，贵人不会主动给你帮助。所以，在事业的前行路上，你要善于借力，将你身边的贵人力量转化为自己的能量，这样有助于你实现事业的理想。另外，在寻找力量的时候要有独特的视角，这样在成就事业时才能将贵人的力量恰如其分地用上。

当你将贵人的优点学到之后，还需要运用好你的知识在事业中发出光亮，这样，你的贵人会更喜欢你。

一天，孔子问自己的学生："如果有两个人偷东西，一个人知道偷东西有罪，另一个不知道偷东西有罪，他们两个谁的罪恶更严重呢？"学生回答说："当然是知道偷东西犯罪的人罪恶更严重。"孔子说："错！不知道偷东西有罪的人比知道偷东西有罪的

人更严重,因为他还犯了一个'无知罪'。"

一个人是否成功,主要看他懂得知识的多少和运用知识能力的强弱。纵览古今,很多实例都能说明知识在个人发展中的重要性。知识是人们展示自我的工具。

福特汽车公司最年轻的总领班汤姆·布兰德,在装配线工作时,利用自己在各个部门学到的零件制造知识,能够既迅速又准确地分辨零件的优劣。所以,和其他同事相比,布兰德的工作效率更高。同时,他在装配线上没待多久就受到上司的重用,很快被提拔为领班。汤姆之所以把握住了升迁的机会,就是比周围的人多学了零件制造的知识,他的成功也是因为这个知识而获得了回报。

人们常说,知识就是力量。有了它我们就可以做好事情,也能凭借知识的力量来实现我们的工作价值。

工厂里有一位高级技工,工人们都称他为李师傅。李师傅在工作中多年努力,依然没有获得预期的待遇。有一位高人帮他出了一个妙招,他说:"你就把自己当做夜里的灯,该歇歇时就熄灭一下。"李师傅听从了高人的建议,他向厂长请了一个月的假。没过两天,厂长就急着找上门来。厂长心怀歉意地说:"你在岗时,我没看到你的作用,你一离开,我才知道厂里的什么事都离不开你。"回厂以后,李师傅就被厂长升职、加薪重用了。

另外,丰富的知识不但能提升你的能力,还能帮你实现自己的人生价值,甚至还可以让你的名字永垂青史。

在三国时期，刘备与孙权联合抗曹。周瑜与诸葛亮同时想出"火攻"的计划。但由于"万事俱备，只欠东风"，周瑜无可奈何，急得口吐鲜血。然而诸葛亮熟知天文地理，会预测天气变化，于是自告奋勇领军令状，前去借风。东风如期而来，"火攻"顺利实施，打败了曹军，刘备与孙权大获全胜，从而也奠定了刘备蜀汉政权的基础。诸葛亮与周瑜两人的智谋，谁强谁弱，一目了然。自此以后，诸葛亮在中国的历史上成为了智慧的化身。

事实上，拥有更多的知识可以更好的发展我们的事业。

世界华人陈安之，在事业的发展道路上有着成功的传奇故事。当他访问资产高达60亿的张董事长时，坦白了自己的成功秘诀。他说："赚钱是很容易的事……因为我不断地在学习，不断地在阅读。"

所以，看一个人有没有前途或钱途，就看他对知识是否有虔诚的钻研精神，因为知识是拉开彼此的差距的关键。成功与没有成功的界限在于别人的知识与自己的知识谁更丰富。

如果一个有知识的人，他能利用好自己的知识，那么他的事业往往比别人更容易取得成功。因为拥有丰富知识的人，无论是对自己还是别人，在成功的道路上都会获得额外的礼遇。

4.借助贵人品牌，提升个人的身价

贵人是我们成功道路上的指航灯，可以指引我们的事业走向光明。拥有贵人品牌，可以在追求成功的过程中提升创业者的影响力，能帮助想要成功

的人取得更快、更稳的发展。

提起涮羊肉，人们的脑海里自然就想到了北京的东来顺饭庄。20世纪三四十年代，东来顺的涮羊肉就已驰名京城。到目前为止，东来顺在北京饮食业中有着举足轻重的地位。

东来顺的创始人丁德山，最初的生活也很潦倒。因为贫穷而不能养家，便向一个本家借了几块银元，又向朋友借了手推车、条凳和木案等简单用具，开始卖起豆汁来。丁德山待人和气，很注意食品卫生，他做的豆汁获得了很多顾客的好评。

1903年春天，八旗练兵场的王府街北端改成了每天开放的市场。它地处东安门的东边，被称做东安市场。东安市场开放后，很快就聚集了大量的商贩，市场一天天地繁华起来。丁德山觉得这里是一个赚钱的宝地，于是也在这里为自己设了一个生意小摊。

在北京独自闯荡的丁德山，因为没有亲人的依靠，他深知一个外地人想在北京立足不是一件容易的事，想继续在这里发展，就必须找一个靠山。为了生意的发展，丁德山认了一个魏太监做干爹。就这样，丁德山在东安市场做起了生意。凭借魏太监这个强大的靠山，丁德山的事业顺利多了，他的生意一天比一天红火。到了1930年，东来顺已经发展成3层大楼的店面了，员工达到140人，这样的规模已是一个派头十足的清真大酒楼。

丁德山的致富，贵人魏太监起着决定性的因素。他主动寻找贵人相助的方法，在当时的时代非常实用。在当今社会想要开一家饭店，或许用不上贵人撑门面。但在经商的过程中，贵人也一样能起到好的效果。如果有一个大品牌的公司长期合作，或者有大的投资商撑腰，那么，至少资金的问题你是不用发愁的。做生意获得贵人相助，成功的步伐会走得更快。当然，你的贵人可以是投资人，可以是合作伙伴，也可以是一个信息的提供者，他们都是你的商业道路中的引路人。

在你成功的路上，贵人并不一定非要亲自出山相助于你。有时候，创业者仅靠贵人的名气，一样可以办好很多事。

英国人彼德森1908年出生于伦敦一个贫穷的移民家庭。因为贫穷没能上学，到15岁时，为了掌握一门谋生的手艺，彼德森到运河街的一家珠宝店当了学徒工。几年之后，由于师徒间的一些误会，彼德森离开了那家珠宝店。

从这以后，彼德森自己开了一家首饰店，进行首饰加工。刚起步时，为了招揽生意，彼德森从早到晚四处跑，每天很累，生意上也赚不到什么钱。于是，彼德森开始改变经营方式，他开始搜集那些有财力并且想买首饰的人的名单，然后挨个地给他们写信，并介绍自己的技艺，并在信中约好上门服务的时间。信寄出后，彼德森按预约的时间进行了登门拜访。没过不久，他便做成了第一笔生意。还有一次，他去拜访一位贵妇人。贵妇人在见到彼德森后，非常认真地问他："彼德森先生，你出自哪位老师的门下？"

彼德森说："我的手艺是在运河街珠宝店卡森那里学来的。"

贵妇人说："卡森！那可是个有名的珠宝商，原来您是他的学生。"

贵妇人拿出一枚两克拉的钻戒，放心地交给彼德森，她说戒指只是有些松动了，需要加固一下。

贵妇人的言语让彼德森感到惊讶，他没想到卡森的名气竟然这么大。他得意不已，觉得自己找到了一棵救命草。自此以后，彼德森决定借用卡森的名字来推销自己。从那以后，每次登门的时候，彼德森在介绍自己时，总有一段独特的开场白。见到顾客他会说：

第七章 贵人能传输给你怎样的力量

不要放跑你的贵人

"我是卡森的得意门生彼德森。"

1935年秋，彼德森结识了贵人麦辛格，他的出场改变了彼德森的事业运，从此以后，彼德森的首饰获得了上流社会的一致认可。

麦辛格是一个很有名气的首饰批发商。再贵重的首饰，如果没有经过麦辛格的手，就很难卖上高价。现在，这位颇具名气的首饰批发商竟出现在自己的眼前，彼德森有点受宠若惊。

没过多久，彼德森就成了麦辛格的首饰供应商，从此以后，他名声远扬。名人的名气给彼德森的生意带来了不少帮助。还有一次，一位大富商送来一颗名贵的宝石，要求彼德森为他制作一枚与众不同的戒指，他要把这枚戒指送给一位女明星作为生日礼物。这也是一个不可多得的大好机会。彼备森仔细地研究着那颗宝石。如果采用传统镶嵌戒指的方法，要用金属把面料包托起来，如果这样做，宝石的一半体积被遮盖起来。如果不这样，那么宝石会因为安装不稳脱落下来。所以，为了保险起见，一般的首饰匠们都会沿用传统的方法。但彼德森想用一种新的方法来镶嵌宝石。经过几天的研究和试验，彼德森发明了一种新颖的连接方法，他称之为内锁法。用这种方法制造出的首饰，能使宝石90%的体积都暴露在外面，只有底部像果实与芥蒂那样与金属连接在一起。很快，彼德森打造了一块完美的宝石戒指。在女明星的生日晚会上，她手上那颗别致的宝石戒指吸引了众人的目光，当那些崇拜女明星的贵妇人和小姐们知道了戒指的出处后，纷纷找上门来，不惜重金请求彼德森为她们加工首饰，彼德森也因此大赚一笔。

彼德森是一位聪明的商人，他借助名人的名气来宣传自己而使自己成为了一名顶级商人。有人曾经问彼德森成功的奥秘，彼德森笑了笑，说："要想做一个成功的商人，该老实的时候一定要老实，否则那些富人不会看中我的手艺；但该机灵的时候就不能老实，否则我会错失做首饰的机遇。"

彼德森的"机灵"，就是找到了贵人相助的方法。诚信做生意是经商的必要素质，这种方法赚钱持久，但是速度慢。聪明的商人则会利用身边可以利用的资源。他们的生意诀窍是在贵人的帮助下，能更快更省力地接近成功。

成功人士的背后总会拥有一批贵人。在事业的发展中，他们没有忽略身边的贵人，他们多方面地关注和支持贵人，最后，在事业的关键时刻，贵人也出手帮助了他们。

王小姐在一家设计公司工作，一天，王小姐正在做她的设计方案，突然来了一位男客户，他想请王小姐帮忙扫描文件。由于手头的工作紧，王小姐将他安排给设计部的工作人员，随后就出去了。过了大约一小时，王小姐回到了公司。推开门后发现那位客户还在，她觉得非常奇怪。看看时间已经中午十二点多了，估计那位客户还没吃饭，便安排同事给客户买了份盒饭。

无意的闲聊中，王小姐得知这个客户是一位外地来客。王小姐体谅他的不易，就没有收取他的扫描费和饭钱。客户很感动，连连道谢之后走了。三个月以后，王小姐突然接到这位客户的一个电话，原来他又到这里来出差。两人再次见面，王小姐才知道这位客户来头不小，是一位在业界小有名气的吴老板。吴老板欣赏王小姐的为人处世，专程来向她道谢，他说："一份盒饭不值钱，但王小姐的心意却是无价之宝，你的恩惠让我铭记于心。"

此后，吴老板不但把自己公司的所有设计业务全都交给王小姐来做，还热心地为她介绍了许多新客户。他说："王小姐是一个善良的人，能够帮助她是我今生的荣幸。"

第七章 贵人能传输给你怎样的力量

一份盒饭带来了稳定的业务，看似偶然，其实是必然。不管是生活还是事业都有同样的道理，善待他人，其实就是善待自己。

在事业的发展中，懂得关心别人的人，其实是用另一种方式关心自己。帮助他人是一种美德，是一个人的人性光辉的闪现。这种美德不仅帮别人解决了困难，而且还让自己收获了快乐。

5. 借他人经验，壮大自己

贵人的经验非常有价值，它是一笔财富，拥有它可以给自己的事业带来收益。无论你做什么事情，要想快捷地取得成功，学习或借鉴贵人的成功经验，是一条不错的途径。因为，贵人的经验，可以极大地提高我们的创意和智慧。

温州泰顺的吴立杰是一位传奇式的人物。他曾报考过7所艺术类学校，专业成绩每次都在前10名，只因英语成绩不佳没有获得艺校的录取，最后经过艰苦奋斗有幸上了大学。

作为一个温州泰顺大山里的学生，大四未毕业，就已经拥有两家公司，月收入近30万元，身价超过300万元。他的目标是在全国各地建立自己的品牌专卖店。当记者采访他时，他对自己的成功作了如下的描述："我家住在泰顺的一个山村，虽然父母做一点瓷器生意，但是自己不出去闯一闯，真的很难有出头之日。记得我刚进大学的时候，上电脑课，很多同学对电脑操作已经很熟练了，而自己却连开机关机都不清楚，都要请教同学。读大学时，同学们都流行泡网吧，而我什么都不懂，更不知道QQ是什么东西，这些都让自己觉得没有跟上社会的节奏、时代的步伐。"

在这以后，吴立杰痛下决心：打算学好计算机。他向哥哥借钱买了电脑，然后又从新华书店买来了有关Coreldraw、3Dmax、Photoshop等设计类的书籍自学。

遇到不懂的问题，吴立杰会问同学，问老师，他觉得虚心向他人学习很重要。大学的所有费用都是他自己赚来的。当时，他给两家公司做兼职，不但给它们做服装设计，还学面料、进货等知识，少的时候一个月挣400元，多的时候可以挣三四千元。到了大二的暑假，吴立杰在工商部门登记注册了华泰服装品牌策划公司，立志向服装业进军。当时，学校在杭州的下沙，公司在朝晖的中山花园，每天早上六七点钟吴立杰从公司的沙发上爬起来，然后走到杭州大厦附近坐328路公交车到学校上课，上完课马上赶到公司。日子过得忙碌而又充实。做兼职和自己管理公司一点也不一样，兼职只需做好分内的事，而自己做企业，最大的困难就是没有业务。中山花园的租金每个月都要5000多元，加上人头费、电脑等设备费，投入大约有30多万元，这些钱都是父母做小生意的本钱，而每月开支非常大。一开始信心满怀，但三个月后，生意毫无起色。

为了节约开支，吴立杰每次出去谈业务都是挤公交车。但在客户面前，他不能表现出自己是坐公交车去的，否则客户会怀疑他的实力。所以，每次快到客户公司的时候，他会先擦了额头上的汗珠。

公司正式开张后，吴立杰利用大一时的打工经验，主动出击，寻求业务。只要拿下大品牌，小品牌也会跟着上来，所以，吴立杰将"三彩服饰"列为自己的目标客户。

三彩服饰在石桥路那边，在杭州是一个非常有名的企业。当时正值8月，天气非常炎热，从公司过去要转三趟公交车，到了那边还见不到老总，就连一个企划经理也见不到。为了第一个生意，吴立杰接连跑了28趟，而且每次都是自己过去。他们说模特不行，赶

第七章 贵人能传输给你怎样的力量

紧换模特资料；外景不行，就换外景。因为吴立杰做事非常认真，所以，搞定了那桩业务。当他搞定了这个大品牌公司之后，就有了成功经验，做事就顺利多了。后来又成功地给鳄鱼、歌瑞诗芬等品牌公司做了策划。其实，那个时候学了很多东西，包括大公司的运作、进货、销售、管理，等等。这些知识都让吴立杰受益匪浅。

吴立杰的生意是越做越大，最后，他将父母、大姐，接到杭州来帮忙。吴立杰的两家公司，目前共有150多人，员工全部都是从外面招聘过来的。吴立杰认为，要做大品牌，少不了投入，需要包装企业，更需要长远的策划。在四季青杭派精品服饰城，他花30万元租下展厅；在上海繁华的人民广场附近，他花20多万元和朋友合伙建立起了摄影基地；就连宣传册上的模特，都选用新加坡、加拿大、英国等的名模。目前他的品牌专卖店已经遍及兰州、西安、成都、重庆、哈尔滨、郑州、南京等地。吴立杰把自己设计的服装定位在25～35岁的女性，职业偏休闲，港派。他认为，杭派服饰终究不会有太大的前途，这种江南小女生的味道在全国市场很难铺开，他希望每个城市都能看到他的服装专卖店，当然，这是他努力的目标方向。

对于公司的管理，吴立杰一开始就着手培养骨干。他觉得只有自己贴心的骨干，才是最踏实的。

边开公司边学习，有时老师会讲营销课、管理课等课程，想学好这些课，吴立杰会和老师沟通一些问题，老师会说："都自己开公司了，各方面的事情都经历过，这些问题已是不问自通了，何必给我讨麻烦？"

现在，吴立杰的实践经验、销售经验已是很多老师不能相比的。很多老师都很佩服这位学生，希望他的事业发展得更好。当然，吴立杰是一个既创业又学习的学生，有时候会在时间方面起冲突,不过,他都会处理得很好。

从吴立杰的事业发展中,让我们看到了经验的可贵。在创业中,善于借鉴别人的模式和经验,思考创业的问题,并根据实际需要用于自己的事业中,这也是一条不错的创业路径。

多了解企业家的创业过程,可以帮助创业者抓住适当的创业时机,乘势而上。当然,不同的国家,会有不同的社会体制。我们应该遵循国家的体制来发展自己的事业。

1978年,李嘉诚的长江实业与会德丰洋行共同合资购买了天水围的土地。第二年下半年,中资华润集团等机构购进了大量的股权,共同组建了威城公司,决定开发天水围。华润集团拥有威城公司51%的股票,长实占12.5%,为第三股东。大股东华润集团踌躇满志,雄心勃勃,计划在15年内将天水围建成一座可容纳50万人口的新城市。华润集团的大股东想彻底改变城市的面貌。

由于李嘉诚忙于收购和黄洋行,没有太多的精力直接参与天水围的策划。天水围的开发计划,由华润一手主持。但是,华润是国家外经贸部驻港的集团公司,缺乏房地产开发经验,也不熟悉香港房地产的游戏规则。最后,在天水围的策划中遭受了巨大的损失。

到1982年7月,香港政府宣布动用22.58亿港元,收回天水围488万平方米土地,将其中的40万平方米土地以8亿港元批给威城公司,并要求威城公司在12年内开发完这40万平方米的土地,开发价值不少于14.58亿港元,并负责清理318万平方米的土地,以交付港府做土地储备。如果威城公司达不到这个要求,那么,土地和8亿港元只能进行充公。随后,香港政府于1983年底宣布:计划投资40亿港元用于市政工程。其中,整理地盘工程预计投入16.2亿港元,基本建

第七章 贵人能传输给你怎样的力量

设预计投入9.6亿港元。港府将这两项共25.8亿港元的工程承包给威城公司，并确保15%的利润。如果这样执行，华润集团兴建50万人口的新城计划宣布泡汤。华润集团高层领导心灰意冷，其他股东也萌生了退意。

就在华润集团的领导丧失信心的同时，李嘉诚对天水围的前景非常看好，他不动声色，放手一搏，逐年从其他股东手里购进抛出的股票。到了1988年，李嘉诚控制了华润外的威城公司的49%的股权，成为与华润并列的两家股东。到1988年12月，长实与华润签订了协议，相关内容如下：

长实保证华润在天水围可获利7.52亿港元，并即付3/4，即5.64亿港元。如将来房屋售价超过协议范围，超额赢利部分，长实与华润共享，华润占51%。

天水围开发规划和销售计划均由长实负责，费用由长实支付，打入成本预算。

此时，距政府规定的12年期限只剩下一半时间，此协议，风险全部由长实承担；而华润则不必费心费力，坐享其成，真是一举两得。

风险与收益成正比。若能如期完成计划，长实按协议的售价，可获利约43亿港元。但是，据业内人士估计，长实实际获利将达70亿港元以上。不过，如果不能如期完成，损失也将是惊人的。如此浩大的工程，只有李嘉诚的长实具有这样的实力及经验，因此，李嘉诚显得非常自信。

工程的进展十分顺利，没过多久，天水围大型屋村的楼房一幢幢拔地而起，并命名为嘉湖山庄，共建58幢住宅和商业楼宇，总面积106万平方米，分7期于1995年年中完成。天水围屋村又创下了一项房屋村的新纪元，而华润集团则坐享巨利，除了合同以内所得，还有工程以外的收入。

李嘉诚有超强的商业意识，他能认清大局，在跟风中求发展，结果后来者居上，超越前者。在合作时，李嘉诚善于为别人考虑，尽量让利给合作方，这是他做生意的经营之道。对中资公司这样，对别的合作方也是如此。他这样做看似吃亏，实则精明。李嘉诚的做法体现了借力的智慧。合作就是借力，双赢是合作的条件，达不到双赢就谈不成合作。

所以，经验告诉我们，在与他人合作时，要找出合作的最佳方法，只有这样，才能乘势而上，也才能在与对方合作中，获取利益。

6．贵人的一时谋略会给你注入一生的力量

人生的目标需要规划，从而进行发展。当你处于人生的十字路口时，贵人的及时指点可以帮你明确方向，能够造就你的事业。

查利·贝尔是澳大利亚人，因为家境贫寒，在15岁的时候就到麦当劳店打工挣些零用钱，他的工作是打扫厕所。扫厕所又脏又累，但贝尔干得非常认真。他是个勤奋、善良的孩子，每次干完了自己的事，还会帮同事擦地板、翻烤汉堡，每件事他细心学、认真做。他所做的一切，麦当劳的老板彼得·里奇都看在眼里，老板决定认真锻造这个可塑之才。里奇找贝尔谈过一次话，谈完之后，贝尔签署了一份员工培训协议，经过培训后，把他安排在不同的岗位进行了全面的锻炼。

当时贝尔正在上中学，本来没有想过要在一家快餐店发展，但他悟性出众，又获得老板的提携，于是，在经过几年锻炼之后，他全面掌握了麦当劳的生产、服务、管理等一系列工作。到19岁那

年，贝尔被提升为澳大利亚最年轻的麦当劳店面经理。贝尔知道自己的责任重大，最后，他放弃了心爱的电影电视制作专业课程，把一切心思都放到了店面的管理上。

在负责管理工作期间，他工作认真、不断进取，于1980年派驻欧洲推动业务，此后，他先后担任麦当劳澳大利亚公司总经理，亚太、中东和非洲地区总裁，欧洲地区总裁及麦当劳芝加哥总部负责人。到2003年，43岁的贝尔被任命为麦当劳（全球）董事长兼执行官，最后，他成为麦当劳历史上最年轻的总裁。

想挣钱补贴家用的贝尔，经过自己的努力，职业生涯获得了一个历史性的大转变，经过30年的磨炼，目前他每年能赚350万美元，最后还成了麦当劳的老板。如果没有贵人兼老板里奇的发现和培养，贝尔也不可能达到事业顶峰。

每个人在事业的发展中，都渴望获得贵人的慧眼识才，希望贵人能够及时发现自己。但是，当贵人出现在自己身边时，你是否能用自己的优秀吸引贵人的眼球呢？在生活或工作中，你一定要在细节方面充分地体现自己的特长和优点，把别人交代的事情尽可能地做到最好。这样你才有可能被上司或贵人发现，最后，使得贵人将你从众多的人员里提拔出来，给你提供一个更为宽广的、自由的舞台。

总之，遇到有意提拔你的贵人，要不负贵人的厚望，竭尽全力完成贵人交办的事物，也只有这样，才能让贵人在事业的发展中进一步相助于你。

另外，还需要借助贵人的谋略和威望来做你想成就的事业。

1996年，张颖毕业于旧金山大学，之后面临找工作，在面试时，她为了证明自己的人脉圈子，急中生智搬出了朋友父亲的大名，这一招果然很灵，居然帮她应聘上了投资经理的职务。

第七章 贵人能传输给你怎样的力量

在这之前,张颖曾到斯坦福医学院旧金山医学中心工作。在那里她结识了一个叫雷伊的同事,也由此认识了雷伊的父亲达多先生。达多先生在美国是有名的亿万富翁。在面试之前,她事先做了调查,知道这家公司曾跟达多先生有过业务往来,所以,在面试中故意提起达多先生,果然引起了对方的注意。一位主管问他:"你认识达多先生?"张颖故意漫不经心地回答说:"他是我好朋友的父亲,我以前经常去他们家玩。他还讲过一些投资故事。"中经合公司的负责人想都没想就录用了张颖。在工作中,公司的创始人刘宇环还告诉张颖:"我跟达多是多年的老朋友,认识十几年了。"

常在职场工作的人都知道,如果来自某个国家或地区的人在某一领域内做到管理层位置,就会渐渐形成一个巨大的人脉网,这种需要多年积累的关系对公司的业务发展很重要,因此,企业的负责人都相当重视这一点。

人脉关系是事业发展的宝贵财富。在平常的人脉结交中,要敢于对自己不利的圈子说拜拜,要营造更为有用的新圈子,在组建新圈子的同时,抬高自己的身价是一种智慧。这会对你事业的升职、加薪起到好的效果。也会因为你拥有的人脉关系,改变你的命运。

还有,在事业的发展中需要选择适合发挥自己优势的大舞台,舞台选对了,那么你的事业发展就会如鱼得水。反之,则困难重重。

被誉为"20世纪最伟大的心灵导师和成功学大师",美国现代成人教育之父的戴尔·卡耐基,他的工作不仅影响了成千上万人的生活,而且他的教学构想改革了成人教育的方法。在最初,卡耐基做过货车推销员。对于这份工作,虽然有过努力,但是那些诸如发动机、车轴的部件设计之类的机械常识,无论卡耐基怎么学都无法引起兴趣。

不要放跑你的贵人

某天下午，店里来了一对年轻夫妇。卡耐基连忙上前招呼客人："欢迎光临！本店供应极为优质的派克自用车和货车，您过这边看看！"

声音洪亮的卡耐基使两位自视清高的顾客不屑一顾，但卡耐基照常向他们热情地介绍和赞扬公司的产品，说得天花乱坠。可是，那位女士不耐烦地拉着丈夫走开，还说道："先生，你并不懂汽车，更不懂机器，我敢肯定，让一个3岁小孩儿在这里待上一天也会说得像你一样！谢谢你的热心，我们从不和无知的人多费口舌，再见！"顾客刚出门，经理就走了过来，对他说："我现在警告你，不要再和客人谈那些有关公司创始人密斯特尔斯和威廉·派克尔德的事迹，你只要一心一意地为我卖掉这些汽车就行了。"卡耐基再也不能说什么，只有不断点头。因为对工作不感兴趣，导致了他推销的失败，卖不出汽车又被同事嘲笑、上司责备，这一切都令卡耐基烦恼不已。他对推销员工作彻底失去了信心。

在最迷茫的时期，卡耐基遇到了人生中的一位贵人。他的贵人是一位头发斑白的老先生，也是他的顾客。老先生想买车，卡耐基又背书似的背诵那套"车经"，可老先生并不怎么感兴趣："无所谓的，我还走得动，开车只不过是尝一尝新鲜劲儿，因为我年轻时曾梦想成为汽车设计师，那时还没有汽车呢，密斯特尔斯和威廉·派克尔德和我一样在念中学……"

老先生的话题吸引了卡耐基。他详细地和老先生探讨着汽车创始人、汽车设计者的成功经历，两人对密斯特尔斯形成了共同的评价，对威廉先生却有不同的看法。

渐渐地，在这样一个陌生的老先生面前，话题转到了卡耐基的生活方面。卡耐基斜靠在车厢上向老先生讲出自己的成长历程、漂泊不定的生活和前些时间里的忧郁："有时，我对自己说，'我在做什么？我梦想的是什么？如果我想成为作家，那为什么不从事写作呢？'尊敬的老先生，您认为我的看法对吗？""好孩子，非常棒！"老先生脸上露出笑容，继而一脸正气地说，"你为什么要为一个不关心又不能付你高薪的公司卖命呢？写作也是一份好职业啊！"老先生举出了好几位有名的作家，比如，杰克·伦敦、富兰克林·挪瑞斯及亨利·詹姆斯等人，并且掰着指头，算出1901年至1910年间的畅销书。其中特别强调了几本销售量超了100万册的书，比如，杰克·伦敦的《野性的呼唤》、约翰·霍克斯的《寂寞松树的故事》、威金夫人的《阳光下农场的瑞贝尔》及哈洛·贝尔的《山上的牧羊人》，等等。

老先生接着说："你的职业应该是能使你感兴趣，并发挥才能的。既然写作很适合你，你为什么不试一试？"卡耐基恍然大悟，他在大学时代就有写作的梦想和冲动，经过老先生的点拨，卡耐基一头扎进了写作的海洋。在写作期间，他曾对自己说："既然我已决定放弃工作，努力写作，我就应该有好的心态审视自我。我要像太阳一样燃烧，照亮黑暗中街道上的行人，我得努力寻找一条展示自我的捷径。在未来的日子里，我要用激情面对自己的生活，也要为自己的事业闯出一片天地来。"

果然，经过自己的努力。卡耐基在人际关系学和口才学方面都取得了很大的成就，帮助了很多追求成功的人。他不仅找到了自己的舞台，也找到了生活的乐趣。

7．贵人令你不鸣则已，一鸣惊人

个人的能力是有限的，只有遇到有力量的贵人，你的事业才有可能从低

谷走向辉煌。凭借他们的实力、地位、经验等支持，实现你的宏伟霸业，登上成功的殿堂，这应该不是梦。

香港的叶克勇毕业于美国宾夕法尼亚大学电脑工程学专业，取得了美国沃顿学院工商管理硕士学位。他熟谙通信传播，在技术、管理和资本运作方面都是一把好手。可是他早年却一直郁郁不得志，整日忧愁。他做过软件，却一直运营不好。于是，他开始寻找自己的贵人。

在叶克勇还没有寻找到贵人之前，一个叫马运生的贵人找到了他。当时马运生刚开始介入互联网，他意识到这可能是实实在在赚钱的一种方式，他希望建立一个平台，满足中国市场对金融新闻资讯的需求。当时全世界有四家公司提供全面的实时金融新闻资讯，即美国公司的道琼斯、奈特里德和彭博，以及英国的路透社，其中道琼斯和路透社当时瓜分了中国市场。20世纪90年代中期，中国的经济改革进入了高潮。全国冒出了许多大大小小的交易所，它们什么交易都做，从大豆到钢铁。这使路透社和道琼斯的实时金融新闻资讯有了需求，它们向每个终端每个月大约收费2000美元，这是一笔不菲的价格。当时，新华社也看到了这一切，它同样渴望获得金融新闻数据领域中丰厚的利润。到1997年，新华社和它积极参与的中华网走进了大众的视野。经过努力，1997年6月，新华社全资子公司中国国际网络传讯有限公司（CIC）在开曼群岛注册了中华网公司China．com，公司的主要业务是从事门户网站。这正是未来的上市公司——中华网。新华社有自己的三产部门，在香港的业务也颇为赢利。新华社香港分社的公关合作伙伴、中国环球公共关系公司的负责人马运生就负责这块业务，帮助新华社将它的宣传技术和分销网络应用于它的商业企业客户。也是这个原因，马运生找到了在美国接受教育的叶克勇和朱伯伦。

朱伯伦毕业于加州大学洛杉矶分校的计算机专业，从事房地产销售和邮购市场业务。当时的叶克勇是一名计算机工程师，在美国时曾在毕马威资讯公司的战略规划部门工作过。他们开始通力合作，这个三人小组为新华社设想了一个计划，利用其强势背景获得在中国互联网市场上的垄断地位。其计划是建立中国网，这是一个与全球的国际互联网相隔离的网络，必须在CIC的支持下才能获得通行。

到1994年，新华社在香港注册成立了中国国际网络传讯有限公司，作为新华社的全资子公司。马运生和朱伯伦忙着获得关于互联网的诸多许可，而叶克勇开始从香港大亨那里募集资金，很快就轻松地获得了2500万美元的初始资金。然而在他们的计划还来不及实施时就面临了严峻的挑战。1995年，中国电信开放了北京、上海、深圳多个城市的对外连入互联网的接口，年轻的中国企业家们也开始陆续创立了互联网服务提供企业，以及和雅虎类似的中文网站，国内的大学也建立了通向互联网的国际链接网络。于是，已经吃进大量先期投资的CIC公司面临生死考验。

在关键时刻，新华社亚太分社社长张国良带来了事业的转机。他借助香港自由市场环境，在百慕大群岛注册了一家CIC控股公司，并将部分股权出让给海外风险投资者。同时将公司的经营管理权交给了投资者信任和选派的市场人士。CIC的董事局主席仍由新华社的领导担任，香港知名业界人士钱果丰担任CIC董事局执行委员会主席。叶克勇担任CIC董事局副主席，他企盼已久的事业机会终于可以放手一搏了。

集智慧和能力于一身的叶克勇，在他的带领下，最终将CIC打造成一家为中国提供国际商业资讯服务的公司。1999年7月，中华网

第七章 贵人能传输给你怎样的力量

在美国纳斯达克交易所上市,成为大中华地区第一家进入纳斯达克的中国互联网公司。中华网的知名度,完全归功于它在纳斯达克上演的中国网络概念股神话。上市当天,中华网以每股20美元开盘,收盘价每股60美元,并一度上扬达到每股100多美元。最后,中华网在股市上取得了骄人的业绩。利用融资的机会,中华网先后在资本市场集资6.7亿美元,成为备受赞誉的中国概念第一股。叶克勇本人则被业界视为一名优秀的商人、企业家。之后中华网在海外大肆收购,先后吃掉罗斯系统、匹维托、JRG、IMI等国外知名软件企业。信心十足的叶克勇宣称5年内将CDC软件做成全球十强,目前它们的排名是第22位。到2009年8月,中华网软件在纳斯达克上市,中华网软件首席执行官叶克勇再次成为网络英雄,现在,他的职务已是中华网投资集团行政总裁,掌控着两家上市公司。

但凡你听说过的贵人,都是比你拥有更多或更优资源的人,无论是在专业、能力、财富、社会关系等任何一方面都会略胜一筹。这些人都是你的福星。所以,在事业的发展中,如果你拥有了贵人资源,必定会使你的事业发出夺目的光彩。

8.贵人带给你能量,能促进你的辉煌

贵人是你的无形资产,他能给你的事业带来无限的力量。实际上,事业的发展本来就需要获得贵人的扶持,只有获得他们的支持,才能拥有广阔的发展空间,你的事业也才能取得丰硕的果实。

汪潮涌在事业的最初时期,有幸遇到信中利的董事长乌力·西格。乌力·西格特别赏识他,两人成为了好朋友。乌力·西格当时用

第七章 贵人能传输给你怎样的力量

手中管理的基金给汪潮涌做了生意上的投资，这些都还不是紧要的，最值得一提的是乌力·西格把汪潮涌带入了成功人士的交际圈。

结识了这些成功人士后，汪潮涌为自己的事业找到了很多的合作伙伴。比如，与瑞士银行的合作，与保时捷家族的合作，与全球最大的咖啡集团的合作等。在贵人乌力·西格的引荐下，汪潮涌成为了瑞士银行的亚洲区董事。之后，在事业的锤炼中，汪潮涌有了新的理念，他认为中国人应该像外国人那样，把体育赛事当做一个非常重要的企业品牌宣传渠道。大多数的世界500强企业，通过体育赛事为企业的品牌推广而获得成功。

另外，西格在财富管理和生活价值方面的理念也给汪潮涌极大的影响。他给汪潮涌展现了另一种生活方式，不再像其他美国人那样拼命地工作，而是抽出时间来享受生活。汪潮涌在西格的影响下，开始品味中国艺术品。他们时常聚在一起讨论这些收藏品，他们都很享受这种收藏的乐趣。除此，汪潮涌也开始做慈善，参与了不少慈善基金的工作。在工作中，汪潮涌会对自己所做的每一件事进行思考，他想通过这种方式为更多的社会人士谋取更丰富的人生价值。

通过以上事例，你是否已经领略到了贵人的无形力量？所以，在你的生活和事业中，一定要找到合适的贵人，沿着他们的步伐前进。唯有如此，你才能发展自己的事业。

除此以外，贵人在为你提供机遇时，他们的出发点有很多，有的是真正的爱才、惜才，也有一些贵人在帮助你时，多少会带点私心，这个时候需要你做点让步，只有这样，你们才能达成共赢。

世界著名华裔鞋类设计师，英国帝国勋章获得者周仰杰，现

居于马来西亚。11岁时因为家庭贫困,辍学后就跟着鞋匠父亲学做鞋子。父亲是广东梅县客家人,技艺精湛,口碑颇好,生活却过得相当困苦,那时他们的鞋子每双只卖10块钱。周仰杰想离开小鞋厂,想到英国去寻找更广阔的世界,经过慎重考虑,他选择了英国艺术大学康德威那斯学院。在20世纪80年代,伦敦是重要的时尚之都,而康德威那斯学院教授制鞋技术的老师都是世界时尚界的知名人士,去那里学习制鞋是再合适不过。随后,在父亲和朋友的资助下,周仰杰拿着自己做的鞋子来到康德威那斯学院,向院长毛遂自荐,随后他得以在这所当时顶级的时装学院半工半读。1983年,周仰杰以优异的成绩毕业,到当地一家小鞋厂工作了两年,熟悉了与制鞋有关的所有环节,他开始用手工制作鞋子,几年下来,专属于他的Jimmy Choo"4英寸"高跟鞋赢得了女性们的青睐。

到1988年,周仰杰结识了著名时尚杂志《Vogue》英国版的配饰编辑塔玛拉·梅隆。塔玛拉是"沙宣"的女继承人,也是周仰杰的贵人。她对鞋子情有独钟,对周仰杰制作的鞋子更是一见倾心,几年下来竟拥有400多双私人珍藏的Jimmy Choo高跟鞋。塔玛拉在杂志上用了整整8个版面隆重介绍周仰杰及他的Jimmy Choo鞋,并将周仰杰的鞋称为"趣味十足、华丽而性感得恰到好处的创意鞋履"。自此以后,周仰杰的鞋子走上了各大T台,被无数名人追捧,他自己也成了伦敦有名的制鞋商。

之后,塔玛拉非常看好周仰杰,她说服父亲投资15万美元开办了Jimmy Choo公司,与周仰杰联手经营,着力开发时尚高档高跟鞋的设计制作。周仰杰的顾客中有麦当娜、朱莉娅·罗伯茨、帕里斯·希尔顿等无数女明星,也有王室贵妇、政要夫人,穿着印有Jimmy Choo牌子的时装鞋成为英国人品位的象征。据统计,《欲望都市》里出现过200双Jimmy Choo;电影《律政俏佳人》里一共出现了60双；在某年的奥斯卡颁奖典礼红毯上Jimmy Choo共出现了45次。如今，周仰杰每年仅接受手工定制800~1000双高跟鞋，最贵卖到7500英镑，可以说是全世界最贵的鞋子之一。他的名字也被替代成一个符号，代表了鞋子的最高境界。

周仰杰同塔玛拉·梅隆共同合作，最后将Jimmy Choo培养成了英国奢侈鞋履品牌，身价两亿美元，店铺遍布全球最繁华的地段。周仰杰和他的鞋子使伦敦一度成为世界的时装设计中心。为表彰他在这方面的贡献，英国王室在2002年为他颁发了至高无上的OBE勋衔。周仰杰将这一切都归功于自己所遇到的贵人。

贵人是带你走上人生捷径的引路人。他的珍贵在于你遭遇困难时，以适当的方式给你最直接的帮助。有了贵人的帮助，你全身会充满力量，在事业发展的道路上会越走越好。

9．贵人能助你开创一片绿洲

贵人的一点儿指导，能运行起整个事业的车轮。他们的智慧、谋略、经验都能带给你机遇，他们的及时相助，能让一个势单力薄的普通人转败为胜，进而一举定下事业的江山。

张跃是远大集团首席执行官，他的事业发展让很多人拍手称赞。1984年的一天，张跃参加一个朋友的婚礼，在婚礼场合认识了一位银行工作的王先生。而王先生正好认识张跃的父亲，闲谈之余，王先生格外欣赏张跃的头脑和见识，临别时，王先生对张跃说："以后若有用得着我的地方，请尽量开口。"

当时的张跃正打算创业，但苦于没有资金进行周转。随后，张

跃向王先生诉说了自己的难处，王先生也很爽快，在他的帮助下，张跃从银行贷款了5万元经销摩托车，这是张跃的第一笔生意，由于王先生的及时相助，他赚了将近2万元的利润。

这笔生意的成功给张跃极大的鼓舞，接着，他又做过经销家电、开酒店等生意。这些生意都没有让他感到尽兴，直到规模庞大的"远大城"圆满竣工。这时的张跃才有点满足，他所建造的"远大城"。格局的分布有厂房、办公楼、公寓、商店、餐厅、俱乐部、酒吧、宾馆、直升机场，还有欧式格调的管理学院、科学院大楼，以及新近落成的金字塔结构的博物馆，大约有1100多人生活其中，宛如一座微型城市。现在拥有的这一切，完全是当初那位贵人所提供的一个小小机遇，在机遇出现的瞬间，张跃及时地抓住了机遇，最后造就了完美的人生事业。

在事业的发展过程中，贵人往往起着决定性因素。大多数人也是因为缺少贵人，在事业的前进道路上走了很多弯路。有了贵人的帮助，你的成功概率就会比一般人的概率大。所以，你要用心去培养、经营你的贵人。有了贵人，还需要去主动寻找、创造、经营你的事业，借助贵人的经验与力量，让自己更上一层楼。

邢李㷧是香港思捷（埃斯普利特）环球控股有限公司董事会主席，他依靠卖成衣的生意成为全球富豪，在他旗下的埃斯普利特成衣王国正快速扩张，其品牌服饰埃斯普利特已在香港家喻户晓。

在三十年前，邢李㷧只是埃斯普利特品牌的一名普通代理商；而三十年后，他回头买下埃斯普利特，成为全球前五百大富豪，也为自己的事业创造了历史性的纪念意义。

邢李㷧在21岁时就跨入了成衣业，当时，他在一家高织造厂学做生意。也是在这家工厂，让他结识了自己的贵人——美国加州风格服饰埃斯普利特创办人道格拉斯和苏珊夫妇。这对夫妇对邢李原印象深刻，感觉他是个自信精明的人，很乐于与他合作。之后，邢李原借了2600元港币，与埃斯普利特合资成立公司，拓展埃斯普利特在亚洲地区的业务。他成为埃斯普利特在香港的原料采购代理商。因为贵人的支持，邢李原正式开启了自己的成衣事业之路。

邢李原选择一条独具特色的发展道路，他没有以一般代理商为榜样，他是一个极其敏感、一心想要转型走品牌道路之人，他的经营策略是一般华商少见的国际化、品牌化策略。1981年，邢李原在香港铜锣湾开设全球第一家埃斯普利特零售店，这是他事业成功的第一个转折点。接着，他放手大干，在经济不景气的时节快速扩展店面，如今，埃斯普利特在全球已有570家店。到1996年，那对贵人夫妇再次为邢李原创造了一个发展的机会，这对创办人夫妇离婚了，公司即将被拆分，邢李原买下了63%股权，6年后索性高价购回剩下的37%股权，从此百分之百地拥有美国埃斯普利特母公司的商标权。

在国际化发展道路中，邢李原又找到了一位62岁的德国籍贵人克罗纳。此人是埃斯普利特欧洲总裁，有着"香港打工皇帝"的称誉，他为邢李原的成功立下过汗马功劳。于是邢李原干脆让出执行长位子给这位贵人，要他全权处理埃斯普利特上市事宜。他对克罗纳说："你是我唯一的选择。"而这位下属兼贵人也没有让邢李原失望，2003年，埃斯普利特获利12亿港币。邢李原自由地驰骋商场，借助一个又一个的贵人力量，快速地创造了自己的财富。

当你跟其他人处于同一起跑线时，你要明白，想要超过别人，唯一的方法是借助贵人的力量帮你提高自己的速度。

现在的事业时代已是群雄齐驱的时代，想要让自己的事业脱颖而出需要

借助一点智慧，也需要借助一点力量，这样才能让你的事业有所成就。

贵人不仅能为你的事业开创一片绿洲，有时你的事业也会因为贵人的一句话给你带来可观的财富。

几年前，付丽收养了一只没人要的贵宾犬，它的名字叫禧来。禧来长得瘦小笨拙，并不讨人喜爱，但付丽还是精心照顾它。随着时间流逝，禧来慢慢地出落得越发有灵性，光彩照人。在禧来8个月的时候，有人要花3万元买下它。付丽起初同意，可临到头又突然变卦，那人无奈之下，道出了真情，他说："这只狗放你家里会被埋没，如果拿到赛场上去展示它的风采，这才能体现它的真正价值。"

贵人的这句话，在某种程度上改变了付丽的生活和禧来的命运。付丽详细了解了贵宾犬的资料，得知这种狗原产于法国，因忠诚、温和、没有体臭、很少掉毛、喜欢取悦主人而深受宠幸，早在18世纪便成为皇室与贵妇最喜爱的宠物，贵宾犬的市场前景广阔，在贵族家庭中很受欢迎。

过了一段时间，全国的宠物比赛在成都举行，付丽也为禧来报了名，在比赛中，禧来获得了亚军。很多宠物爱好者热捧贵宾犬禧来，开价8万元追着要买它。心思灵活的付丽没有卖掉禧来，而是决定就此创业。

几经周折，她开始专门饲养繁殖贵宾犬，学习、掌握了贵宾犬的防疫、美容、繁育等技术，又托人从国外购买犬只精心繁育。贵宾犬需要每个月做一次美容，付丽不仅在宠物市场的店里店外公开给狗狗们做美容，还经常抱着狗到街上去做活广告。针对成都的中高收入阶层的购买习惯，付丽在当地媒体上宣传贵宾犬的智商和情商。一些单身贵族就此成为她的消费者和朋友。

为了打开更大的市场，她开始带着自己的贵宾犬走出成都，到全国各地参加选美比赛。几年来，付丽带着禧来的儿子和孙子，在一个又一个宠物比赛中获得了冠军，很多省外的玩家也都知道这只狗，争相向付丽订购小崽。为此，付丽专门在国家工商局用禧来的头像为它的犬舍注册了商标，所有卖出的狗都打着禧来的牌子。靠着禧来的名气，靠着轻松的工作，付丽很快赚到了超过500万元的财富。现在，付丽正美滋滋地享受着禧来为她所带来的幸福生活。

创业者在创业中要有经济头脑，在贵人的指点与找准方向之后，要敢于行动，敢于奋斗，最终有机会获得属于自己的一片绿洲。

第七章　贵人能传输给你怎样的力量

第八章 贵人带给你的人生意义

1. 向贵人学习为人处世

为人处世这门学问，不是每个人都能运用得很好，特别是在自己处于弱势的情况下就更需要学一点这方面的智慧。学习贵人为人处世的智慧，可以使你在事业的发展中尽展你的个人魅力。

孔子与弟子的生活都很清苦。一天，孔子没米下锅了，为了不饿肚子，孔子让学生子路到邻近的有钱人那里请求施舍一点米。子路到了地方，说明来意。有钱人说："你是孔圣人的弟子，一定识文断字。那我就写个字给你，你要是能说出这是什么字，我就无偿奉送你们米吃。要是说错了，对不起，什么也没有。"

子路心想，我老师是鼎鼎有名的孔子，他老人家什么字不认得，我都学会了，你写什么我都认得，于是答应了那位有钱人的要求。有钱人写了一个真假的"真"字，子路眼睛都没眨一下就说这是个"zhēn"字。没想到，那位有钱人说子路答错了，把子路轰了出去，自然也没给他米。

子路把事情的经过告诉了孔子。孔子说："我们现在连生存都是问题，你还认'真'干什么？"于是，孔子亲自到那有钱人府第，说这个字是"直八"，听了这个答案，有钱人才将米送给他们师徒。

第八章 贵人带给你的人生意义

通过这个故事，使我们明白了一个道理。就算是圣人孔子在教导自己的弟子时，也有做人有时候不能太认真的哲理，必要时需要学会妥协。做一个明智的人，才能在社会中生存下去。

命运的改变，通常是通过贵人的智慧来指导我们。我们所获得的智慧，一般都是我们身边的老师、长辈所传授的。

亚伦·桑德斯先生说："我今天之所以小有成就，一切都要感谢我的老师保罗·布兰德威尔先生。我在他的课堂上学到了人生最有价值的一课，而这一课也最令我难忘。"

亚伦·桑德斯告诉卡耐基："那时候我才十几岁，但却经常忧愁，为各种事情担忧。我常常为自己犯过的错误而自责。交上考卷，我常常夜里睡不着觉，不停地咬我的指甲，心里想着要是不及格了我该怎么办。对于那些我做过的事情或说过的话，我会经常想，如果当初没有做过那些事情和说过那些话到现在该有多好。

"在一次生理卫生课上，保罗·布兰德威尔老师将一瓶牛奶放在办公桌边。正当同学们望着那瓶牛奶发呆时，布兰德威尔老师却突然站起来，同学们还在想这些跟生理卫生课有什么关系时，好端端地一瓶牛奶就被他一掌击碎在水槽中。然后，保罗·布兰德威尔老师大声说道：'不必为已经打翻的牛奶而哭泣。'

"教室里鸦雀无声，老师打破沉默对我们大家说：'你们过来好好看一看，我就是要你们永远记得这一课。现在当然看得出来，这瓶牛奶已经漏光了，它已经没有了，不管你再怎么可惜、心疼、抱怨，都没办法再救回一滴。现在我们要做的，就是动动脑子，想想以后怎样预防此类事情的发生，尽力寻找保住牛奶的办法。但是，无法挽回，一切都太迟了。目前我们面对的不是难过，而是不

让同样的事情再次发生。'

"布兰德威尔老师的这一番话让我记忆深刻,到最后几乎忘记了几何和拉丁文,但对这一课仍然记忆犹新。然而,它对我的教诲作用,实际上要远远超过在同时期学到的其他知识。我明白了这样一个道理:尽量不去打翻牛奶,万一打翻了牛奶你也不必哭泣,过去的就让它过去吧。"

贵人在为人处世方面的智慧大大地超过了常人。当你遇到困难时应该借用贵人的智慧,这样可以让你在生活或工作中少犯错误。

除此之外,贵人的建议也是你应该学习的智慧,他们的智慧能为你的事业带来希望。

在1993年,就职于投资公司的冯波,决定支持王文京的用友软件进行新产品的开发。但计划赶不上变化。王文京转变了自己的想法,他突然做出了一个想要投资房地产的决定。

王文京的行为让冯波异常的苦恼。

当时,海南的房地产正炒得火热,王文京最终没能挡住诱惑,打算用软件赚到的钱去搞多元化经营,在酒店业和房地产业捞上一笔。毕竟这比寂寞地坐在办公室里设计软件来的快得多。得知此事,冯波不仅立即放弃了对用友投资的计划,甚至经常指责王文京糊涂。他说:"中国软件市场太大了,放弃最擅长的领域不做,反而去做不懂的事情,这是舍近求远。"但当时头脑发热的王文京没有听从这位贵人的意见,一意孤行地带上钞票去了海南,结果刚一头扎进去,海南泡沫破灭。幸好所投的资金不多,也没有损失太多的利益。

事后,王文京这才想起冯波的忠告。从这以后,他对用友未来的发展战略确定了一个目标："用友只做一件事，财务与企业管理软件，不再涉足软件之外的任何行业。"这是王文京从商10余年来唯一的一次投资失误，庆幸之余，他对当初唯一反对自己投资海南的冯波充满感激。自我反省之后，王文京的脚步走得很踏实，他的用友软件一直牢牢占据着中国财务软件的主导地位，因为发展战略的坚定，使得王文京跃上了福布斯中国富豪排行榜。

每个人的一生都会或多或少地走些弯路，当处在弯路的十字路口，你的贵人或许与你的意见相反。你也应该知道，得罪人的事没谁愿意去做，喜欢被称赞是人的天性。因为称赞的话与你内心的想法一致，所以人们就喜欢听。当人们一味地顺从这种本性时，就很容易被他人所利用，你越喜欢听好的，他就越给你说好的，这样你一高兴，就会喜欢夸你的人，从而他向你提出的请求也不会被拒绝，这就是喜欢被称赞的问题所在。反之，批评你的人之所以令人讨厌，就是因为他说出与你希望的所不同的事，也正是因为这点才有借鉴与参考的价值。

所以，你的耳朵应该多听一些批评的话，这样不但对自己有好处，而且还会使自己找到事业上的"贵人"。

所以，只要你的贵人出口或出手，他们的智慧都能使你的事业道路走得更轻松，也能很容易地帮你走到事业的顶峰。

2．贵人能为你的人生指明方向

贵人是你事业上的方向盘、事业道路上的指南针。在他们的带领下，我们的成功脚步可以走得更有力、更安稳。

不要放跑你的贵人

小刚毕业后进了一家培训咨询公司。他从最基层的业务员做起，每天的工作是为企业提供培训方案。刚上班的第二天，小刚就联系到一位服装厂的厂家邵总，经过简单的交流，这位邵总表示对小刚能提供的业务感兴趣，打算派人来参加小刚公司的培训课。说到具体听课人数，邵总说他们厂有5位副总，有可能都来听培训课。

小刚有些不知所措，因为公司规定，为了保证客户对公司的满意度，初次听课的人数控制在3人之内，并且保证是总经理以上的领导参加。小刚有些为难，他不知道怎么给人生中的第一个客户说，害怕一个单子就这样飞了。小刚又是新员工，跟别的人还都不熟悉，经理恰巧又不在，碰到这种事就不知道怎么处理了。

经理助理走进来，问明情况，然后对小刚说："以前公司也碰到过这样的情况，人数最多时还有13个人来听课的。咱们公司做这样的规定是为了避免不相干人参加、干扰客户中的高层人士听课效果，不利于签单。你那个客户如果表现出强烈的听课欲望，你就这样对他说：'邵总，看贵公司这么需要，我力争帮您多申请两个名额。现在就可以把优惠券给您送过去。'你这样说，一是让他觉得机会难得，增强签单的机会；另一方面，你说送优惠券，其实也是巧妙地把门票送给他，变相地增加签单的机会。"小刚按经理助理的指示，与邵总通了电话，并将视听课程的名额作了详细说明，随后提出将优惠券送给邵总。邵总听后，心情非常愉悦。他同意了小刚的建议，并在上课那天带来了几位副总。他们听完课后，觉得课程也非常精彩，于是与小刚的公司顺利地签了学习合同。

在这个竞争异常激烈的工作环境中，每个业务员的订单都来之不易，不仅仅需要自身努力获得客户的认可。有时，还需要贵人的建议帮你打消客户的疑虑，达到订单顺利地签订。其实，为我们指点迷津的人往往是我们的大贵人，是他关键性的几句话改变了最初不利的环境因素。

第八章 贵人带给你的人生意义

薛尔德太太是一个苦命的人，她的丈夫于1937年去世。丈夫的离去让身无分文的她在对待生活方面更加的忧虑。于是，她给以前的老板奥罗区先生写信，请求他能让自己重新做回推销图书的工作。就这样，她重操就业，开始了新的生活。

面对新的生活，薛尔德太太说："我以为，繁忙的工作会抵消我的颓废和不安。可丈夫毕竟不在了，我每天要一个人驾车，一个人做饭吃，一个人生活，这所有的一切都令我无法忍受。况且，书也不怎么好卖，想要业绩哪么容易呀？虽然车是通过分期付款买来的，但却给了我很大的压力，不知这笔钱能不能及时还清。"日子过得很艰难。

一个人的生活是多么的没有意义，一个人孤零零地讨生活，业绩又不好，每个月还要面临分期付款的车钱以及房租、食物的日常开支，这一切的一切让薛尔德太太看不到生活的希望。幸而身边还有一位姐姐，时常陪在她的身边给予精神安慰，要不，她早随丈夫去了。

后来，薛尔德太太读到一篇文章，这篇文章让她有了活下去的勇气。文章的内容是："对一个聪明人来说，每天都是一个新人生。"这句话让薛尔德太太激动、精神振奋，并且她将这句话打印下来，贴在汽车前面的挡风玻璃上，为的是自己开车的时候能随时看见它。就这样下去，她觉得生活不再那么的艰难了。将一切不愉快的事情统统忘记，生活本来就很简单。从这以后，薛尔德太太明白了生活的真谛，她很快摆脱了生活中不愉快的阴影，此后她的生活过得还不错，事业上也获得了新的转机。

不要放跑你的贵人

在现实生活中,每个人都会遇到各种各样的难题,每个人也都可以拿到打开迷惑人生的钥匙。在人生的旅途中,重要的不是去沉沦,而是需要去寻找接受的勇气。

在十多年前,当时有一个正读高三的女生小高,在同学家里结识了年轻帅气的青年刘云,第一次见面就无可救药地爱上了他,从此以后,她的学习成绩直线下降。班主任秦老师发现后,不动声色地将两人交往的情形观察了几天,然后将小高叫到办公室,问她:"你知道自己的价值吗?"小高莫名其妙。秦老师又说:"你如果努力读书,那你的人生就是一颗价值百万的宝石,只有钻石才能和你相配。"不等小高有反应,他话锋一转,又说,"可你的朋友刘云却只是十元店里染色的石头,跟了他,你不觉得有点亏吗?"

老师的话让小高进入了沉思的状态,老师继续讲道:"任何一个不知世上有宝石、钻石的小孩子,总会把石头当宝贝。难道你不想等自己长大后,去找到那颗属于你的钻石吗?"

说完这些,秦老师欣慰地笑了。

老师的话,小高记在心里,她反复思考了一下午,到最后,终于开了窍。当晚,她仔细回忆了与刘云的交往,其间想起刘云与其他女生的出格行为。小高想起来很辛酸,这个曾经令她怦然心动的白马王子顿时变成了一个毫无意义的黑马王子。小高从此收了心,全身心地投入到学习中,半年后,她以优异的成绩考入一所名牌大学。她拿着大学通知书去看秦老师,兴奋地说:"老师,我找到钻石了,您看,这就是我的钻石。"秦老师却一个劲摇头:"你会找到真正的钻石,不过,这个过程需要时间和眼光。"

小高很幸运,在她人生的紧要关头遇到了贵人秦老师,也是因为秦老师的点拨使小高开始了寻找钻石的过程。在大学里,她勤奋努力，大三时担任学生会主席，深受拥戴。许多男生都追求她，但这回无须秦老师指点，小高已经知道她的钻石不在校园里。她依然心无旁骛地学习、工作，大四毕业时，因为成绩优异、富有管理经验与沟通技巧，小高被一家合资公司录用。五年后，小高成了这家公司行政总监，最后，她嫁给了一位青年才俊，日子过得非常幸福。

每个人都会经历人生的迷茫，恐惧与逃避谁都曾经有过。但在迷茫的时候如果有贵人出手相救，我们的人生就会是另外的样子。贵人能使我们尽快地调整状态，这样才不会在紧要的关头走错路。

3．"忠诚"能增强你的贵人运

人无信而无以立，时代发展的今天，信誉和忠诚是一个人立足的根本。忠诚的人，格外受到贵人的青睐，更能造就事业的成功。

> 一男孩对一女孩说："如果我只有一碗粥，会把一半给我母亲，另一半给你。"女孩因此喜欢上了男孩。那一年男孩12岁，女孩10岁。
>
> 又过了10年，男孩所在的村子发了洪水，他不停地救人，却没有去救她。他说："因为我爱她，她死了，我也不会独活。"洪水过后，他们结婚了。男孩22岁，女孩20岁。
>
> 又过几年是全国的饥荒年，那时，他们家只剩下一点点面。这些面只能做一碗面汤。两人都推给对方吃，结果那碗面发霉了。这一年，他42岁，她40岁。
>
> 没过多久，文化大革命开始了。祖父是当时的地主，他也因此

第八章　贵人带给你的人生意义

不要放跑你的贵人

受到狠狠的批斗。她陪着他挨批、挂牌游行。这年，他52岁，她50岁。

又过了几年，他们的家庭条件发生了变化，老两口陪着儿女住进了城里。两人互相搀扶着上公共汽车。他们都不愿坐下而让对方站着，车上的人竟不由自主地全都站了起来。那一年他72岁，她70岁。

他们的一生过得很幸福，他们相濡以沫的生活也受到很多人的称赞。

一生之中不离不弃，同甘苦，共患难，这就是忠诚。有一句名言是："夫妻本是同林鸟，大难来临各自飞。"能达到故事中的这种境界，确实很难。忠诚是有难度的，需要一个人的长期坚持，这也彰显了忠诚的珍贵。我们的贵人也需要这样的忠诚。

在三国鼎立时期，袁绍手下就有一个值得一提的重臣，他的名字叫审配，曹操也十分欣赏他的忠诚。

袁绍死后，审配忠心事主，继续辅佐袁尚。而袁尚在城外被曹操击败时，为了逃命放弃了邺城，但审配却没有轻言放弃。他认为，邺城是袁家的首府，也是河北的门户，一旦放弃，自己的主人袁家就彻底失败了。所以，他虽然只有邺城中的残兵可调用，但依然多次击退了曹操大军的攻击。后来是侄子审荣贪图富贵出卖了审配，邺城这才被攻破。曹操说，只要审配肯降，就不计前嫌，反而还给他很多赏赐，重用他。审配宁死不降。这样忠诚于对手的人，迟早还是会回来报仇的，不得已，曹操忍痛杀了他。

临死前，审配就提了一个要求："我主公（袁绍）的坟墓在北方，我一定要向着北方死去！"曹操对此肃然起敬，同意了他的请求，死后也为他举行了厚葬仪式。

还有一个忠诚之人关羽。他之所以成为忠义的化身，千百年来受到人们的敬仰甚至历代帝王的推崇，是因为他也是一个把忠诚当做一生尺度的人，他也折磨着曹操，曾一度让曹操爱恨交加。

刘、关、张在桃园结义后，一度失散，关羽逼不得已降于曹操麾下。当他打听到刘备的下落时，关羽放弃了曹营的荣华富贵，过五关斩六将，千里走单骑，终于回到刘备身旁。后来，关羽被东吴所害，痛失兄弟的刘备没有听取诸葛亮的劝告，贸然发兵攻打东吴，结果兵败，蜀国也由此一蹶不振。

关羽是一个极讲忠义的人，他的一生都可以"忠义"来概括。关羽的忠诚，就表现在兄弟义气，忠诚不事二主，一旦跟了刘备就万死不辞，"千里走单骑"是关羽的真实写照。刘备贸然攻打东吴虽然留下了千古遗憾，也可以从中看到他对兄弟忠诚的感动。忠诚的表现领域是多方面，它可以用于"爱情、事业、友情，甚至于职场"等。

李辉在一家传媒公司工作，由于工资的结算问题，李辉一气之下辞了职，现在他跳槽到另一家传媒公司。在原来的公司，李辉是一个业务经理，他走后不但带走了大量客户，而且将公司预先做好但还没正式运作的企划案也带走了。新公司没在李辉这费什么神，就获得很多同行的秘密。

李辉以为，自己为公司带来这么大的利益，新老板一定会重用自己的，于是暗自庆幸跳槽反而成了获得成功的筹码。李辉在这里工作了三个月，老板对他的态度是任用而不是重用。李辉在工作中

第八章 贵人带给你的人生意义

并不是很顺心，公司有很多的重要任务领导都没有分配给他而是分配给刚来的大学生。李辉很不服气，找到老板谈判。

老板对他说："你毕竟刚来，我还得看你的表现。"李辉就很奇怪："我一来就给公司带来这么多客户，公司不费劲还获得一份完好的企划案，我自己在这个行业打拼几年，怎么说能力也比刚毕业的学生强，为什么您不给我机会呢？"老板平静地说："我很感谢你为公司带来的利润。但我怎么才知道你再去别的公司会不会把我公司的客户也带走、把我公司的企划案拿走呢？"李辉听到这句话顿时陷入了沉默。

有一种美德叫"忠诚"，忠诚是一个人的道德标准，更是一个人的生存方式。夫妻间的感情需要忠诚，朋友间的友谊也需要忠诚，甚至于职场中的员工也需要对所在的公司忠诚。因此，忠诚地做一切事，这是你取得成功的必然要素。

除了要有一颗"忠诚"的心外，还需要向贵人展示你的忠言。当贵人听到你的忠言后，他会更加看重你，你的事业发展也会更如意。

大贺典雄是一位日本音乐家，前索尼音乐娱乐有限公司总裁。当大贺典雄还是德国慕尼黑音乐学院的一名学生时，索尼公司发明了一种新式录音机。索尼当时的总裁盛田昭夫是很看好这种新式录音机的，自信一上市肯定能受到人们的欢迎。大贺典雄当时也买了一台这种新式录音机，可是录音机一到手，他就发现了一个问题：这种录音机录出来的声音有失真的缺点。这本来是无关大碍的问题。可大贺典雄是德国慕尼黑音乐学院的高材生，他认为这种录音机根本就不适合一个音乐家使用。所以，他立刻写信将这个问题反映给索尼总裁，直截了当地说："这种新式录音机录出来的声音明显失真，而歌唱家们需要的是一面镜子，一面听得见自己的真实声音的镜子。对我们搞音乐的人来说，你们这种产品就是一堆垃圾。"一针见血的批评，令索尼的工程师无地自容。

盛田昭夫是索尼的总裁，他知道这件事后并没有发怒，他认真思考了一下，认为大贺典雄说得很有道理。他立刻回信，首先对大贺典雄所提出的宝贵意见表示感谢，然后诚恳地邀请大贺典雄担任索尼公司的兼职顾问。盛田昭夫的盛情邀请自然令大贺典雄感动，但他以专攻音乐艺术的理由婉转地拒绝了。盛田昭夫并没有因此而死心，反而坚持不断地寄工资给大贺典雄，寻找各种时机邀请他加盟索尼，但最终都没有获得好的结果。

6年以后，大贺典雄与盛田昭夫还保持着密切的联系，但他一直没有加盟索尼，盛田昭夫却也一直没放弃说服他的念头。终于，凭着对人才的强烈渴求，盛田昭夫改变了策略，以说服大贺典雄妻子的方式将大贺典雄挖到了索尼公司。

果然，盛田昭夫的眼光没错。大贺典雄一到索尼公司就开展了雷厉风行的改革，为索尼公司带来了丰厚的利润。1982年9月，董事长盛田昭夫正式任命大贺典雄为公司新任总裁。在大贺典雄的带领下，索尼公司研制开发出了真正适合顾客的新产品。

所以，贵人想要的，不一定要投其所好。敢于进"忠言"也是贵人所欣赏的。因为真正的贵人，都会留一只耳朵聆听别人的忠告。如果你的忠告可行，贵人就会千方百计地给你展示才华的机会。

4．贵人好比阳光普照大地

阳光普照大地，让世间的万物获得生长。贵人就好比天空中的阳光，他们的奉献精神让有才能的人实现了人生价值。

刘英武是上海群硕软件的董事长，1941年出生于湖南长沙，早年随父母迁居台湾，台大毕业之后赴美留学，1969年获得普林斯顿大学计算机博士学位，随后就职于美国的IBM公司。

精明能干的刘英武，为了争取与上司沟通交流的机会，他细心观察了老板上洗手间的时间，然后自己也选择在那个时间上洗手间，他的这种方式，加深了老板对他的印象，也为自己日后的脱颖而出奠定了基础。

在IBM近20年的职业生涯中，刘英武率队发明创造了世界著名的数据库通用标准SQL系统，后来SQL成为全球数据库的标准，直到现在还在被广泛采用。1970年末，在数个岗位屡有佳绩的刘英武出任IBM集团最高管理委员会秘书长，直接对董事长和执行长负责，后升任IBM全球副总裁，也是历史上职位最高的华人之一。

到1989年，受施振荣之邀，刘英武从IBM辞职，出任宏碁集团总裁，承担起让宏碁从台湾走向世界的奠基工作，并在3年内为宏碁谋划好国际化战略的整体布局。他将自己的贵人色彩的管理理念传输给了宏碁的同事。在他离开时，20名中层联名送给他一个小牌子，上面写了两句话："良师助破茧，天蚕易飞天"。刘英武非常欣慰，认为这两句话体现了他的真正追求。

之后，刘英武回到美国，先后出任韵律系统设计（Cadence Design Systems）公司的首席运营官和沃克系统互动（Walker

Interactive Sys-tems）公司主席和首席执行官，不仅让这两家美国上市公司走出困境，而且股价分别上涨10倍和3倍。刘英武也因此被列入美国Turnaround Leader（善于拯救危机企业的领袖人物）人才档案的第一位华人，他的能力也获得了商界人士的一致认同。

到了1999年，刘英武再度受邀回到台湾，出任日月光集团总裁，4年后让该公司走上国际化，一跃而为全球半导体封装测试领域的龙头老大。在以上三家公司，他依然坚持自己的贵人制造理念，在离开之前总是悉心带领和培养一个非常合格的团队，在他离开之后，这个团队可以做得更好。

无论在哪个公司从事工作，刘英武都可以将企业做得很强大。甚至在2003年，年近花甲的刘英武在上海创办了群硕软件开发有限公司，这位经历全球IT业几十年风云的人物要在中国培养一支世界级的软件团队。他有自己的独特信念，他真诚地对待每一个公司，他希望自己能成为更多员工的贵人，也希望他的员工能成为别人的贵人。

总之，一个成功的人必须培养出能够取代自己的对手，只有这样，你的成功才算真正的成功。把握每一个机会，竭尽全力的帮助他人，这样的贵人价值才有意义。

除此以外，在创业的道路上还要与贵人并驾齐驱，才能做好事业，达到共赢。

牛根生，内蒙古人，蒙牛乳业集团的创始人。在1983年，24岁的牛根生来到濒临倒闭的呼和浩特市回民奶食品厂（伊利集团）当了一名洗瓶工。在工作期间，他遇到了自己的贵人郑俊怀。

郑俊怀是内蒙古呼和浩特市土默特左旗人，在呼和浩特市回民

不要放跑你的贵人

奶食品厂当厂长,上任第一天,他召开了全厂动员大会,号召职工艰苦创业。但是台下的听众无精打采,只有一个高大粗壮、说话直爽豪迈的年轻人带头鼓掌、高声叫好,他就是洗瓶车间洗瓶工人牛根生。郑俊怀一眼就看出牛根生是个一呼百应的人,从此对他给予了特别的关注。

在一次动员后,奶厂筹建了冷库,接近完工时意外失火。一大批物资被大火无情吞噬,郑俊怀心痛至极,一头冲进火里欲同归于尽。火光中,牛根生急得一把拉住了他,郑俊怀这才猛然惊醒,鼻子一酸,紧紧握住牛根生的手,说了一句"好兄弟",随后,郑俊怀的心里感到无比的温暖。

牛根生凭借不怕苦的精神一路升迁到车间主任,于1992年,被郑俊怀提拔为主管经营的副总经理,此后,他们一起打拼天下。作为郑俊怀的老部下,牛根生可以说是伊利的第一功臣,当年伊利80%以上的营业额来自老牛主管的各个事业部。除了业绩,牛根生在伊利员工当中的威望一点都不比郑俊怀差。作为伊利的副总,牛根生分管了技术中心、调度、质管、基建、牛奶公司等十几个公司和部门,分管了80%的员工。他读书不多,完全靠本能,精于管理,尤其善于笼络人心。他为一个重病工人捐款,代替通勤车司机上班,100多万的年薪,牛根生基本上都分给了自己的员工。

有一年,因为业绩突出,郑俊怀给他发了一大笔奖金,让他配一辆高档轿车专用。牛根生却认为自己弄辆好车意义不大,不如与同甘共苦的弟兄们一起分享。于是他用这笔钱购买了4辆面包车,分别安排给了几位与自己共同打拼事业的老部下使用。

牛根生精力充沛,在做市场方面特别有冲劲,他分管伊利的市场营销与广告宣传,在媒体上表现得十分活跃,外界一度只知牛根生,却不了解真正的老板郑俊怀,所幸这并未影响他们之间的合作。

但是到了1998年，两人因在企业发展的战略方面存在分歧，矛盾重重。老板郑俊怀的战略思想是稳中求升，而副总裁牛根生的战略思想却是大胆挺进，利用一切可以利用的手段和资源让伊利超常规成长。当郑俊怀意识到牛根生在撼动自己的权威时，便下决心让他出局。

到了1999年，牛根生与主管财务的领导反目，进而得罪董事长郑俊怀，被郑俊怀送去北京学习，同时伊利董事会宣布牛根生辞去副董事长和副总的职务。

牛根生被逼上梁山，带着几个旧部筹集1000万元资金创办了蒙牛乳业，他们在呼和浩特的一个居民区里租了一间53平方米的小平房作为办公室，新成立的蒙牛没有奶源，没有厂房，没有市场，唯一的武器是牛根生多年来在市场经营中积累下来的人脉和经验。令郑俊怀想不到的是，蒙牛刚成立，伊利公司负责生产、销售、技术的300多名员工竟然放弃伊利的优厚待遇，自愿追随到牛根生的麾下，打算与牛根生共同打拼事业。

牛根生自己干事业后，正好遇上了好时机。当时，全球最大的软包装供应商利乐公司在中国推广"利乐枕"，免费向牛奶工厂提供生产设备。牛根生大胆与它们合作，大获成功。2001年底，蒙牛销售收入突破7.24亿元，成为国内第四大乳制品企业。2002年，牛根生进行了股权创新，吸引摩根士丹利、鼎晖投资、英联投资三家国际机构投资6000万美元入股蒙牛。到2004年6月10日，蒙牛乳业在香港挂牌上市，直接融资近14亿港元。挟外资之势的蒙牛异军突起，6年之后，蒙牛的销售额和市场占有率超过伊利成为全国第一，成了威胁伊利生存的唯一敌手。

面对危机，郑俊怀急于兼并扩展，结果因违反有关法规锒铛入狱，而牛根生却功成名就，曾经一起打天下的兄弟，现在却是一个

天上一个地下。

牛根生的创业靠的是胆识和勇气,虽然两人在经营上存在巨大分歧,但他总归没有忘记贵人的提携。2005年郑俊怀被捕,牛根生只说了一句话:"没有郑大哥的培养,就没有我牛根生的今天。"他托人给郑俊怀92岁的老母亲送去生活费。郑俊怀的女儿在加拿大留学费用不足,牛根生不计前嫌,慷慨解囊。

所以,人脉决定你事业的未来,只有众人一起划桨才能开动大船。在平时你就要多编织你的关系网,这样在你遇到困难的时候,贵人才会出现在你身边。

5. 成就他人,也就是造就自己成功

在成就他人成功之时,其实也是在为自己的成功铺路。每个人都是自己的贵人,帮助别人,就是帮助自己。

张维出生于偏僻的山区,大学毕业后,他便辗转跑到深圳打工。当时是20世纪90年代初期,无数人才聚集在这块开放的特区,竞争很激烈,张维忙了一个月都没找到合适的工作。在人头攒动的求职人海中,他的自信心备受打击,每天的生活都过得很忧虑。

因为没有工作,他临时借住在一位大学同学的宿舍里,时间长了,同学对他也不再客气了,他的女友对他更是不满。张维无可奈何,他想离开这里不再成为别人的负担,可随身带来的两千元钱已经所剩无几,想出去租房更是痴人说梦。尴尬的处境,让他不得不尽快搬出宿舍,他在心底暗自发誓,一定要尽快搬离这个地方。

第八章 贵人带给你的人生意义

之后，他每天出去寻找工作，当钱包里还剩50元钱时，张维觉得自己的人生太失败了。犹豫再三，他决定向同学借路费逃回老家。就在他考虑如何向同学开口时，他意外地接到一个电话，原来是一位多年没有联系的朋友谢明。

谢明为人忠厚，已在深圳打拼数年，在辗转得知张维的消息后，便马上与他联络，并热情地邀请他到自己家去住。就这样，走投无路的张维顾不得多想，连夜带了行李去投奔谢明。没多久，在这位热心朋友的帮助下，张维找到了一份工作，真是天无绝人之路，张维终于找到可以避风的港湾了。

朋友谢明的电话来得不早不晚，在关键时刻改变了张维的命运，也为张维以后的事业赢得了一次转机。张维站稳脚跟之后，开始自己创业，辛苦经营。10年后，他的公司规模渐渐扩大，实力非同一般。而就在这时，谢明的公司却因为陷入财务危机而面临破产，得知消息，张维立即拿出30万元帮助谢明度过了危难时刻。借助这笔钱，谢明的公司很快起死回生，重新走上正轨。

谢明估计不知道，当年他很偶然地做了张维的贵人，后来，反过来张维又成了他的贵人，所以说到底，我们每个人其实都是自己的贵人。帮助别人，其实就是在为自己的事业打基础。

人生很多成功的东西，很多时候都来自一次偶然的机会。真心地帮助他人也是在为自己的事业赢取、储备贵人。好人终会有好报。因此，在事业的发展中，要尽力地帮助他人，只有这样，才会在你遭遇困难时，赢得他人的帮助。

下面也有一个有关助人助己的故事。可以这样说，如果没有妻子索菲亚的帮助，霍桑就没有后来的成就。

在海关工作的霍桑下岗了,他回到家伤心地对妻子说:"我失业了,以后我拿什么来养活我们的家呀。"

他的妻子索菲亚却掩不住兴奋说:"很好啊,你现在可以从事你的写作了!"

"你说得很对,"霍桑说,"但在写作时,我们靠什么来生活?"

索菲亚打开抽屉,拿出一沓钞票。

"钱是从哪里来的?"霍桑表露出惊讶的神情。

"我知道你很喜欢写作,也知道有朝一日你写作会有所成就,所以我每周从家用中省下一点钱,这些钱足够我们用一年。"她回答道。

在妻子索菲亚的帮助下,美国文学史上的著名小说《红字》在霍桑的笔下诞生了。霍桑后来对人们说:"人与人之间的互相帮助很重要,这将决定一个人的一生。"

因此,我们应该知道,帮助别人成功,是追求个人成功的最保险的方式。别人借到你的力量取得成功,从另一方面来说,你为别人付出了时间和精力,在这方面你已经是一个成功者了。

帮助别人在很大程度上是帮助了自己,从另一方面也提升了自己生命的价值。不论对方是否接受你的帮助,或是否感激你,你的心里都会拥有一种成就感。

相互帮助,其实就是双方达到共赢。急人之所急,需人之所需,是人生的最高境界。

有一位很有演艺天赋的人叫米歇尔,他长得英俊、潇洒。初露电视屏幕时,他扮演着小配角的角色,现在,他的演艺事业已取得不错的成就。

米歇尔的成名，与莉莎的帮助密切相关。一次偶然的机会，米歇尔遇上了莉莎。莉莎曾经在纽约一家最大的公共关系公司工作过好多年，她不仅熟悉业务，而且也有较好的人缘。在米歇尔成名之前，莉莎开了一家娱乐代理公司，以代理演艺界公共活动为主要业务。但是，刚开始时没有什么业务，因为一些出名的演员、歌手、夜总会的表演者都不愿与她合作。后来遇见米歇尔，两人一拍即合，联合干了起来。她成为米歇尔的经纪人，莉莎为米歇尔的演艺事业作了多方面的媒体宣传。

经过莉莎的精心包装，米歇尔主演的电视剧也很精彩，人气剧增，再加上莉莎在有影响的报纸和杂志上的宣传策划，米歇尔一夜之间成名了，莉莎也出名了。从此，莉莎的生意红火起来了，一些有名望的人找莉莎，让莉莎为他们提供社交娱乐服务。米歇尔也随着个人知名度的不断提高，公司的业务也逐步加大，片酬方面也获得了应有的提高。

莉莎和米歇尔的通力合作，为各自的事业加了砝码，他们互相帮助，达到了双赢。

皮鲁克斯于2003年4月，在哈佛大学作了一个题为《做人的意义》的演讲，他陈述了植物界中的红杉现象。他说，世上仅存的植物当中，最雄伟的，当属美国加州的红杉。红杉的高度大约是90米，相当于30层楼高，这是一个奇迹。

在科学界，一些科学家对红杉进行了深入的研究，发现了许多奇特的现象。一般来说，越高大的植物，它的根理应扎得越深。但科学家却发现，红杉的根只是很浅地扎进了地面。

第八章 贵人带给你的人生意义

在理论的学术上，扎根不够深的高大植物，往往非常脆弱，倘若经历一阵大风，就能将它连根拔起。但红杉却因为扎根不深，一直高耸于其他林木之上。

其实，红杉是一棵棵连成一大片一起生长的，每一棵红杉都没有独自地在地上扎根。整个一大片红杉的根都是紧密相连，一株接着一株，结成了一大片。纵使自然界有再大的风也奈何不了它。

红杉的成长使我们明白，相互借力是不变的生存法则，只有相互依靠，才能永恒地发展。其实，人际关系和红杉的成长原理是一样的，只有互相扶持，才能有效地应对你周围的一切险恶。

6. 价值不分你我，造就别样人生

每一个事业有成的人，在通往成功的道路上，都会获得贵人的帮助。做他人的贵人是人生中的一大乐趣，这种乐趣可以增加人生的价值。贵人的天职是助人，而他们也获得了应有的回报。

徐新曾在霸菱投资（亚洲）公司任中国区董事和总裁，在任期间，她拥有10年的私募资产和风险投资的经验，是中国最优秀的风险投资家之一，投资界的人士都称她为"金手指"。徐新成功地运作了九个投资项目，如网易、中华英才网、中联系统、永和大王、京信通信和掌中万维等，其中网易等5家企业成功上市，丁磊等三位中国企业家在她的推荐下成为中国顶尖级的富豪，徐新在制造富豪的能力方面几乎无人企及。

徐新每做一次决策，都会花很长时间把企业家的性格找出来，包括他的魅力、缺点以及犯的错误，他的团队、他的竞争对手，这些对于评判这个人都很重要。而在所有考核要素中，企业家的性格也起着决定性的作用。

徐新在拍板定下了500万元投资网易时，奠定了她在行业中的地位。当时网易公司只有十几个人，首席执行官丁磊才27岁，沉默内向，外表看上去像个大学生。但丁磊很自信，为他人着想，诚实可靠，这些都让徐新认为"网易"这个项目值得风险投资企业长期给予支持。更重要的是，丁磊天生具有创业者的头脑和直觉，别人看不到的商机他能看到，别人放弃了他会坚持，别人都跟进他舍得退出。所以当年他第一个进入短信业务，第一个开发网络游戏，这些都让徐新对他信心百倍。果然，她的信任最终赢得超额回报，在2004年，网易的股票被以八倍的投资回报套现。

这次投资获得的回报，对徐新作为贵人的乐趣大大增加，她继续在业内寻找需要帮助的创业者。1999年，与丁磊一样同时期走进徐新视野的中华英才网创始人张杰贤，同样获得了徐新的帮助。

在创业初期，张杰贤的想法只是做一家小猎头公司兼做网站，所以他只招了五个人，其中两个还是临时工。在与徐新面谈时，他连一份像样的商业计划书都没有。即便如此，仅仅凭一种感觉，徐新毅然把从朋友和老板处募集到的60万美元的创始基金交给了张杰贤。

中华英才网最吸引徐新的，是不需要编辑、不需要内容的新的商业模式，另外还有创始人张杰贤的极好的商业感觉。如今，中华英才网的市值为5000万美元，徐新获得的回报是100倍。如今中华英才网已从最初的5名员工发展到了近600名员工，徐新担任中华英才网董事会主席，她将竭尽全力做英才网永远的支持者。

第八章 贵人带给你的人生意义

每个帮助他人的贵人，在自己获得回报时，更多的是赢得了事业上的成就感。帮助他人去实现梦想、改变了人生的命运，对于贵人本人来说，本来就是一种乐趣。

香港青年叶克勇在17岁时，有幸获得了慈善教育家朱敬文先生的赏识，并成为朱先生的得意弟子。朱敬文先生被美国著名高等学府文森大学的校长尊称为"导师之师"，在国外享有很高的声誉。他先后总共资助了800多名香港家贫的青少年赴美深造，他的行为，造就了一大批学者、企业家、专才和业界精英的成功。

叶克勇在中学时代就成为朱敬文资助的学生之一，他精明能干，深得恩师的喜爱。中学毕业后，朱敬文牵着叶克勇的手，亲自把他交托给美国文森大学的师长，并嘱咐叶克勇要在异国他乡立志奋发，倾力吸取最现代的科学知识，成为国家栋梁。叶克勇没有辜负朱敬文的厚爱，从文森大学毕业后，他又先后进入宾夕法尼亚大学和沃顿商学院读书，并获得双硕士学位，之后投入商界，开始了他的创业之路。

在文森大学毕业了将近36年后的叶克勇，现已是中华网投资集团行政总裁，他创下了一个又一个的骄人业绩，建立了互联网、软件和网络游戏产业的王国，成为中华网和中华软件网两家上市公司的掌门人。他也因此被母校授予荣誉博士学位。

现任校长迪克·赫尔顿在致辞中盛赞叶克勇三十年驰骋商场，业绩彪炳，成为业界领袖，更是文大毕业生的榜样。校长说："叶克勇为校友们展示了一个年轻人只要心怀梦想、踏实苦干，可以获得骄人的业绩。"而叶克勇觉得自己是借助贵人兼恩师朱敬文之力，接受了现代科学教育，才得以获得事业上的成功。

多年来，叶克勇效法恩师，用多种方式筹集资金，帮助更多的青少年到国外深造，继续实现恩师"为国储才"的宏愿。到2007年，为了颂扬朱敬文弘德育才的恩典，叶克勇以个人名义向香港中文大学捐资港币一亿元，成立"敬文书院"。他还发起成立了"香港中文大学敬文书院筹备委员会"和"朱敬文奖学金获奖者学会"，创办专门网站作为曾获朱氏资助的学子们的交流平台。2007年4月，叶克勇拨出200万美元捐赠宾夕法尼亚大学，以资助中国大学毕业生前往宾大深造。他继承恩师的遗愿，用自己的力量成全着无数年轻人的梦想，成为其他年轻人的事业贵人。

想要成为别人的贵人，必须要有敏锐的眼光来发现你的千里马，并且尽可能地将你的千里马的能力充分地展现在人们的眼前。你会在帮助他人的过程中，因为他人的成就而更加的快乐。

7．无心的启蒙与吸引贵人的成就

贵人给你提供的帮助，或许不是有意的。一次无意的谈话，也可能给你播下希望的种子。而这时，你应该用心来浇灌、培育这粒宝贵的种子，天长日久，果实自然会慢慢成熟。

2000年，长安大学的钱俊冬当时是大一的一名新生，因为家庭困难而申请缓交学费。到了大三，他已经拥有了一个50万元注册资金的"三人行"学生创业公司，不仅替父母偿还了家里所有的债务，解决了学费问题，还成了学生自主创业的楷模。

钱俊冬之所以创业成功，主要得力于贵人师兄的"创业启蒙"。那是开学第三天的下午，刚从自修室回来的钱俊冬正与同学

不要放跑你的贵人

在寝室里休息，一位师哥推门进来，向他们推销随身听。结果没费多少口舌，这位师兄书包里的4部随身听以每部80元的价钱被几名舍友瓜分。这件事情触动了钱俊冬。他发现自己身旁有一个比较大的消费群。当天晚上，钱俊冬一直在谋划着这件事。到了周末，钱俊冬来到西安东郊小商品批发城，仔细对比了多款随身听的性能、质量和价格。摸到一些门道后，他几乎可以用15元的批发价拿到那位师兄所推销的随身听。钱俊冬壮着胆子，动用了当时最大的那笔存款，批发了6部随身听。这是他的第一笔生意，卖掉商品后，净赚了300元，这是他第一次靠自己的能力获得了财富。

有了上次的经验，钱俊冬打算继续做下去。在课余时间，总把两只眼睛紧紧地盯住同学们的消费品，如IC电话卡、游泳衣、考研资料、英语磁带，等等。钱俊冬成了校园里小有名气的"生意精"，他看到了校园市场的广大，对财富观念有了更清晰的认识。

到了2002年，有一天，他到重庆大学去看望同学，结果在夜市摊位上发现，经营米线生意的竟然是几位重庆大学在读的研究生。他们坦然告诉钱俊冬："以后的社会竞争将非常激烈，我们都必须做好相应的准备，适应一切变化。"听了这些，钱俊冬的心里燃起了一股创业的冲动，他想实现头脑里酝酿很久的创业想法。

回到西安之后，钱俊冬找来同学崔蕾和马光伟一起讨论自己的想法。当谈到对校园市场的开发设想时，三个人不谋而合，决定成立一个利用创业协会人力资源做校园市场的校园信息服务中心，中心定名"三人行"，以校园和学生需求为市场开展介绍家教、校园活动策划、产品展示、市场调查以及小网站建设等业务。

到了2002年9月，在迎接2002级新生的时候，钱俊冬敏锐地发现新生宿舍里的电话线上都没有配电话机，很多新生打电话都会涌到电话亭和IC电话处，他立即召集"三人行"的成员商量给学生宿舍里装电话机。这笔业务让他们赚了不少，经济方面也是越来越宽裕。

随后，他们在校园里进行了一个大撒网，将"三人行"的业务扩展到了周围的几所大学，他们每人分一两所大学，找老乡，找同学，把进购的电话机销往周围的校园。结果，没几天的工夫，周围十几所大学的新生宿舍全部装上了电话，最多的一天达2000多部，最多的时候一天收入竟然能达到5万元。他们成了同学眼中的小富翁，业务的发展也是越来越多，越来越广。

一次偶然的机会，他看到电视新闻里上海APEC峰会上各国元首都穿着唐装，结果做唐装的想法没有实现，他们却因为倒卖一批无锡丝绸稳赚了近十万元，在这次买卖中，钱俊冬又幸运地遇到了第三位贵人黄先生。

黄先生觉得钱俊冬是一个很有前途的年轻人，便把他介绍给几位企业老总，这为钱俊冬提供了很多创业机会。到2003年钱俊冬等人相继代理了移动校园卡、诺基亚手机等推广业务，半年下来共计办理大户卡、校园卡等业务达13万张，直接收益接近30万元。到了2003年8月，钱俊冬等三人已经拥有了50余万元，他注册成立了自己的"大学生"公司，这也成为在西安高新技术开发区管委会注册成立的第一家在校本科生全资创业公司。

截至目前，"三人行"旗下已有正式员工12人，兼职员工38人，拥有4家全资店面（主营通信电子产品），销售网络遍布西安22所高校，与26所高校社团、协会负责人签订了正式的合作协议。下一步，钱俊冬决定把公司的主体化销售模式逐步办成有规模的实体，具备相应的开发能力和生产能力，创出品牌，占领西安市校园市场，组建中国高校市场开发联盟，这样有利于更多的大学生创业。钱俊冬是一个有心人，在贵人无心的启蒙下循序渐进，最后通

第八章 贵人带给你的人生意义

过自己的努力获得了一番成就。

所以，你要做个有心人，贵人的无心启蒙，也能让你早日进入事业的发展期。

除此之外，要想将自己的事业发展得更快更好，你的身上需具备吸引贵人眼球的东西。有了这种东西，贵人才能提供给你机遇，你的事业发展才可能达到高峰。

胡雅特由学徒成长为洲际大饭店总裁，成为国际知名的观光旅馆管理人才。当年初入这一行时，对这一行不仅懵懂无知，还带着几分勉强的心情。当时他到大饭店当学徒，完全是按母亲的意思行事。

胡雅特的母亲对他良苦用心，母亲拜托亲友把他介绍到法国罗浮大饭店当学徒时，胡雅特一点儿也不感兴趣，但是也没有反对的意思。胡雅特一进罗浮大饭店，是在该饭店特设的训练班受训。刚开始很不适应，于是萌生了离开的念头。但他母亲认为，如果怜悯自己，轻易改变主意，以后就会养成一种习惯，一遇到困难就打退堂鼓，一生将会一事无成。因此，胡雅特最后还是回到训练班，结果以第一名的成绩毕业。

之后进入了罗浮的关系企业——巴黎柯丽珑大饭店，这是巴黎最有名的大饭店。刚开始，胡雅特是当侍应生，由于接触的人多了，对饭店的事情也慢慢地有了深入了解。因为观光大饭店接待的是各国人士，必须有多种语言能力。于是，他在工作之余，便开始自学英语。3年之后，柯丽珑大饭店要选派几个人到英国去实习，胡雅特成了所选人员之一。因为他的英文已有相当的基础，在英国实习也是游刃有余。一年回来后，胡雅特由侍应生升为领班。

接着，德国广场大饭店要跟柯丽珑大饭店交换一个服务人员实习，胡雅特得知后便找到经理戴奎斯，要求这一工作机会。他的要求获得了戴奎斯的准许。

到了德国之后，他主要负责招揽观光旅客，这使他对这一行有了更深层次的了解。当时的德国正赶上20世纪30年代的不景气经济，观光客的人数也在锐减，大饭店的经营非常不易。他认为在这段时间，若能多招揽观光客，对自己的工作能力可以起到一定的提升作用。

接着，他利用广场大饭店过去的旅客资料，设计出一些内容不同的信函，分别寄给旅客，他的"金点子"使广场大饭店平稳地渡过了艰苦的时期。

胡雅特的能力获得了广场大饭店老板的赏识，当他见习期满时，老板想以高薪把他留下，但胡雅特没有接受。他表面的理由是，他是柯丽珑一手培养出来的人才，自己的出路也应该听凭他们的安排。经过亲身的感受，他看出在这一行中，柯丽珑的发展前景要比广场大饭店的空间大很多。

回到法国后，由于广场大饭店老板的推崇，戴奎斯把他调升到罗浮大饭店当业务部副经理。在这段时间，由于业务的来往，他发觉从事这种国际性的企业活动，不懂法律常识，也有很多不方便之处，所以他在下班之后，又开始补习法律。这也为他以后的成功作了铺垫。

到目前，胡雅特已具备3种语言（英、德、法）的能力，也去过欧洲具有代表性的大国，但他心目中所向往的美国，却始终没有机会去。经过考虑，他将请假报告呈给了上司。戴奎斯为了慰勉他这些年来的辛劳，特准予他公假，以公司名义派他去美国考察，一切费用由公司承担。

胡雅特去美国拜见了华尔道夫大饭店的总裁柏墨尔，并把戴

奎斯的亲笔信交给他，请示他给自己一个见习机会，并要求从基层做起。胡雅特开始从擦地板做起，和美国的同事也是打成一片。其间，在擦地板时期和总裁柏墨尔对过话，自此之后，胡雅特的事业蒸蒸日上，一直成为洲际大饭店的总裁。

所以，想要成功，只有走近贵人。而要想贵人的眼球瞩目你，你得先具备吸引贵人注意的条件，这样才能让贵人相助于你。

8．贵人，给我们带来了思索的力量

贵人的眼睛会去寻找一些可以帮扶的人。这样的贵人是高明的人、智慧的人。同时，他们也给我们带给了思索的力量。

小沈阳的籍贯是辽宁省开原市，本名叫沈鹤，从小就很迷恋二人转，后来进入铁岭县艺术团学习二人转表演。1990年，小沈阳正式踏入这一行，并以扎实的基本功、诙谐的表演方式深受观众的欢迎和好评。

2004年前后，小沈阳在哈尔滨唱二人转，结识了几个同行，他们凑巧都是赵本山的徒弟，因此常常在师傅面前提起小沈阳，说他唱得不错。2000年，小沈阳参加首届本山杯二人转大赛获铜奖，2006年，他又获得刘老根大舞台二人转大赛冠军，这才算入了贵人赵本山的法眼。这年中秋节，小沈阳通过严格的考核，被赵本山正式收为徒弟，从此开始明星梦的追逐。

2009年是小沈阳的事业转运年，在师傅的大力推荐和提携下，他高调亮相央视春晚，和贵人赵本山同台表演节目《不差钱》，以男扮女装的另类二人转表演在国内引起轰动，一炮走红，成功跻身"一线演员"的行列。小沈阳的走红背后,是贵人赵本山高超的品牌包装。赵本山是艺人,更是一个品牌策划大师,他不但成功捧红了二人转,还带红了以阎学晶、小沈阳、张小飞等人为首的众徒弟。在他的人生理念中,做别人的贵人是一种责任,也是一种乐趣。

小沈阳在一夜成名以后,他的名字便家喻户晓。他的成功之路,不是赢在表演,而是赢在营销的策略上,其迅速火暴的背后是贵人赵本山的高明策划。倘若没有贵人赵本山的提携,小沈阳的走红恐怕会晚很多年,最多只能是个不错的二人转演员。

赵本山是塑造品牌的高手,他在内外资源、艺术与市场结合方面的操作逻辑超越了很多单一生意头脑的老板。他懂得借势,善于四两拨千斤,找到了能够迅速提升品牌的渠道,这个渠道便是央视春晚,这也使自己的徒弟少走了很多弯路。赵本山对于徒弟的带领与提携表现出了带领、培养团队的能力,而不只是一个超级个体艺人。他的产业化操作尤其体现出其对于所掌握的艺术与人才资源的最大化运用。老话说"教会徒弟饿死师傅",而现在却是"捧红徒弟乐死师傅"。过去赵家班只卖赵本山一张脸,现在有一群被捧红的徒弟追随。正因为如此,刘老根大舞台才敢不断扩张娱乐版图,使产业开始良性的发展。

一个优秀且成功的贵人往往是一个品牌高手,他不仅知道自己的能量,还能将能量淋漓尽致地发挥出来。这是一个种高瞻远瞩的贵人,拥有这样的贵人,你还怕不成功吗?

9. 与贵人共为赢家

成功的人不是天生就具有成功的能力,而是他们善于结交志同道合的朋

友，最后在友谊的发展中找到适合自己的贵人，并与贵人相互扶持实现共赢。

成功的人士在事业的发展中，除了环境、机遇和个人能力等因素外，找到适合自己的合作伙伴是一个重要的环节。每个人都需要他人的帮助，赤膊空拳地打天下在现实的社会中已经行不通了。

理查德·萨耶靠做小生意创办了美国著名的萨耶·卢贝克百货公司。他成功的最主要原因，就是善于寻找和结交各行各业的朋友。

萨耶的创业始于明尼苏达州一条铁路上当运送货物的代理商。当时做这种代理商有个公认的烦恼：有时收货人嫌货不好，拒收送到的货物，如果再将货物带回，就会倒赔一笔运费。萨耶为了避免这种情况，想出了一个妙招：邮寄。这样不仅退货率大为降低，也为买主提供了便利。他新开创的这种运营模式，在事业的发展过程中获得了意外的成功。

如果仅凭这种小本生意用现有的运方式继续维持事业的发展，用不了多久，别人就会利用他创造的这种经营方法，赶到他的前面去。因此，他必须扩张事业的发展。

下定决心后，萨耶开始了寻找合作伙伴的生涯。终于在接近第5年的一天晚上，找到了自己的贵人。

贵人的名字叫卢贝克，正骑着马到圣保罗买东西，不料中途迷了路，已经饥肠辘辘，人困马乏。正在月光下散步的萨耶看见了卢贝克，他邀请卢贝克到他的小店中休息。两人一见如故，真心地交谈起来，说到痛快之处，两人隔着桌子热烈地拥抱在一起。随后，以两人姓氏为名的世界性的大企业萨耶·卢贝克公司就在此刻诞生了。

萨耶与卢贝克的合作为公司带来了新的机遇，使得萨耶更有力量。在合作的第一年中，公司的营业额就比萨耶单干时增加了将近

10倍，高达40万美元。第二年的发展更快。这种发展速度远远超出了两人的预想，事业的快速发展让他们有点应接不暇。卢贝克说："我们何不请一个有才能的人参与我们的生意呢？"萨耶对卢贝克的建议表示由衷的赞许。接着，他们为上百万元的生意找个经营人，经过多番周折，他们还是没有找到这样的人才。他们心想："这种人才实在难得遇到，如果有，也可能被别的大公司拉走了。"

萨耶和卢贝克经过周密的谋划，决定改变方式，到一般的小商人中去寻找。因为大公司的经理一般看不上他们的"小公司"，如果在平凡的人物中挑选人才并委以重任，这种人就会尽全力报效公司，不会像一些重金礼聘的知名人物，即使请来了，也是身在曹营心在汉。

某天，萨耶下班回家，看见妻子买的一块布料正放在桌上，他心里很不痛快。他对妻子说："这种布料在自己的店里都卖不出去，干吗还去买别人的呢？"

妻子任性地说："我高兴嘛！料子不算太好，但花式流行啊。"

萨耶跳了起来："我的天！这种衣料去年上市以来，一直卖不出去，怎么会流行起来呢？"

"卖布的小贩说的。"妻子说了实话，"今年的游园会上，这种花式将会流行起来。"

妻子还告诉萨耶，在游园会上，社交界最有名的贵妇瑞尔夫人和泰姬夫人都将穿这种花式的衣服。之后，妻子嘱咐他不要将这个消息说出去。萨耶知道，贵妇瑞尔夫人和泰姬夫人是当地妇女时装的向导，当地的女人一向以她们为时尚前沿。

"这个消息是谁告诉你的？"萨耶来了兴趣。

妻子吞吞吐吐地说了半天才说出了实情，原来是卖布的小贩告诉她的，而且还要求她不告诉任何人。萨耶真想捧腹大笑一场，

第八章 贵人带给你的人生意义

他明白这全是那小布贩捣的鬼，竟然把自己的妻子也哄住了。萨耶并没有把这件事放在心上，甚至他店里的这种布料都被一个布贩买走，也没有引起他的注意。

游园会那天，萨耶发现两名贵妇果然穿着那种花式的衣服，格外引人注目，贵妇因此出尽了风头。游园结束时，许多妇女都获得一张宣传单，上面写着："瑞尔夫人和泰姬夫人所穿的新衣料，本店有售"。萨耶这才被这个布贩的才智吸引了。这个布贩竟如此熟悉女人们的穿衣风格，真是一个智慧之人。

萨耶和卢贝克一致认为，这个人就是他们要找的人。然而，当他们与店主见面时，不禁面面相觑。原来这个布贩就是经常到萨耶店里贩布的路华德。他们彼此已认识好几年了，但是从来没有深谈过，因此萨耶和卢贝克对路华德没有什么特别的印象。直到这次深谈，才发现路华德的目光中有一种说不出的神采。寒暄之后，萨耶开门见山地对路华德说："我们想请你参与我们的生意，坦白地说，是想请你去当总经理。"路华德也爽快地答应了他们的要求。

担任总经理职务的路华德为了感谢贵人的赏识，在工作方面非常努力，最后取得了惊人的成绩。萨耶·卢贝克公司声誉日隆，10年之中，营业额增加了600多倍。公司的员工也发展到30万人，每年的售货额将近70亿美元。这对于零售行业来说，简直无法想象。

如果当年没有与卢贝克和路华德的合作，萨耶的事业就不可能在最短的时间内获得那么大的成功。因此，在事业的发展中，要挑选合适的合作贵人。选对了合作伙伴，合作才会达到共赢。